의 모든
균류

신비한 버섯의 삶

로베르트 호프리히터 지음
장혜경 옮김

생각의집

문득 버섯이 찾아온다.

버섯이 나타났다는 소식이 들불처럼

이집 저집으로 번져나가고……

피에로 칼라만드레이

기념비적인 버섯의 해였던 1980년부터 지금까지

나와 함께 숲을 헤매는

나의 아내 마루스카에게 바칩니다.

차례

독자 여러분,

균류의 세상에 오신 것을 환영합니다! 우리의 숲과 초원, 공원과 정원은 이 신비의 생명체로 가득합니다. 심지어 심해와 우주선에서도 우리는 균류를 만날 수 있습니다. 우리 조상들도 사바나와 숲에서 균류를 따서 먹거나 그것으로 불을 피웠지요. 그러니까 우리는 알게 모르게 정말이지 오랜 세월을 균류와 더불어 살아왔던 것입니다.

이제 우리의 동반자인 버섯과 조금 더 친해지기 위해 여러분을 재미난 균류의 세상으로 안내할까 합니다. 버섯을 사랑하는 생물학자로서 저는 책임감과 행복을 느끼며 여러분과 동행할 것입니다. 우리 함께 잊혀가는 숲 속 균류의 속삭임에 조용히 귀 기울여봅시다. 아마 이 여행을 마치고 나면 여러분도 자연을 바라보는 이해의 폭이 한층 넓어질 것이고, 균류의 중대한 의미를 제대로 파악하여 지금보다 훨씬 더 균류를 존중하고 아낄 수 있을 것입니다.

이 책은 버섯을 잘 골라 찾기 위한 버섯 안내서가 아닙니다. 우리의 목적이 버섯을 따서 볶아 먹으려는 것이 아니기 때문이지요. 저는 여러분에게 미지의 세상과 그 세상의 매력적인 관계들을 보여주고 여러분과 함께 탄성을 지르고 싶습니다.

이런 관계, 지상 모든 생명의 연관성이야말로 자연과 멀어지고 자연을 함부로 파괴하는 이 시대에 여러분에게 꼭 필요한 영감을 선사할 것이기 때문이지요. 크누트 함순은 말했습니다. **"숲에 들어가야 겨우 내 안의 모든 것이 잠잠해졌고, 나의 영혼이 균형을 되찾고 힘이 솟구쳤다."** 숲에 사는 수많은 생물들은 우리를 건강하게 만듭니다. 당연히 균류도 그렇습니다. 게다가 균류는 놀랍게도 다윈의 말과 달리 치열한 생존경쟁을 벌이지 않습니다. 오히려 서로 돕고 힘을 모으지요. 따라서 우리는 균류를 통해 공생에 대해서도 많은 것을 배울 수 있을 것이며, 자연이 가르치는 공생의 의미가 퇴색되어 가는 우리의 현실에 대해서도 많이 고민하게 될 것입니다. 균류야 말로 협력의 상징이지요. 엄청나게 거대한 생명의 균사체는 모두에게 이로운 생명체의 네트워킹을 말해주며, 물질과 에너지의 교환, 동물 세계 저 너머에서도 가능한 소통에 대해 이야기합니다.

저는 평소 딱딱한 자연과학적 설명이 오히려 자연 사랑을 방해할 수 있다고 생각했습니다. 물론 이 책에서 소개할 내용들은 전부 자연과학의 연구 덕분에 알게 된 지식이지요. 하지만 이 책에서 저는 자로 재고 무게를 달고 분류할 수 있는 것들을 보여주려는 것이 아닙니다. 그저 우리의 여행이 여러분의 마음에도 발견의 욕망을 일깨우기를 바랍니다. 그리하여 여러분이 균류의 이야기에 귀 기울일 용기를 내었으면 좋겠습니다. 책을 다 읽고 덮으면서 여러분이 우리의 인간중심적 세계관을 몇 가지 균류중심적 측면으로 보완할 수 있다면 더없이 좋을 것 같습니다.

혹시나 의도치 않은 실수가 있더라도 여러분이 넓은 마음으로 양해해 주시리라 믿습니다.

로베르트 호프리히터

2016년 12월, 잘츠부르크에서

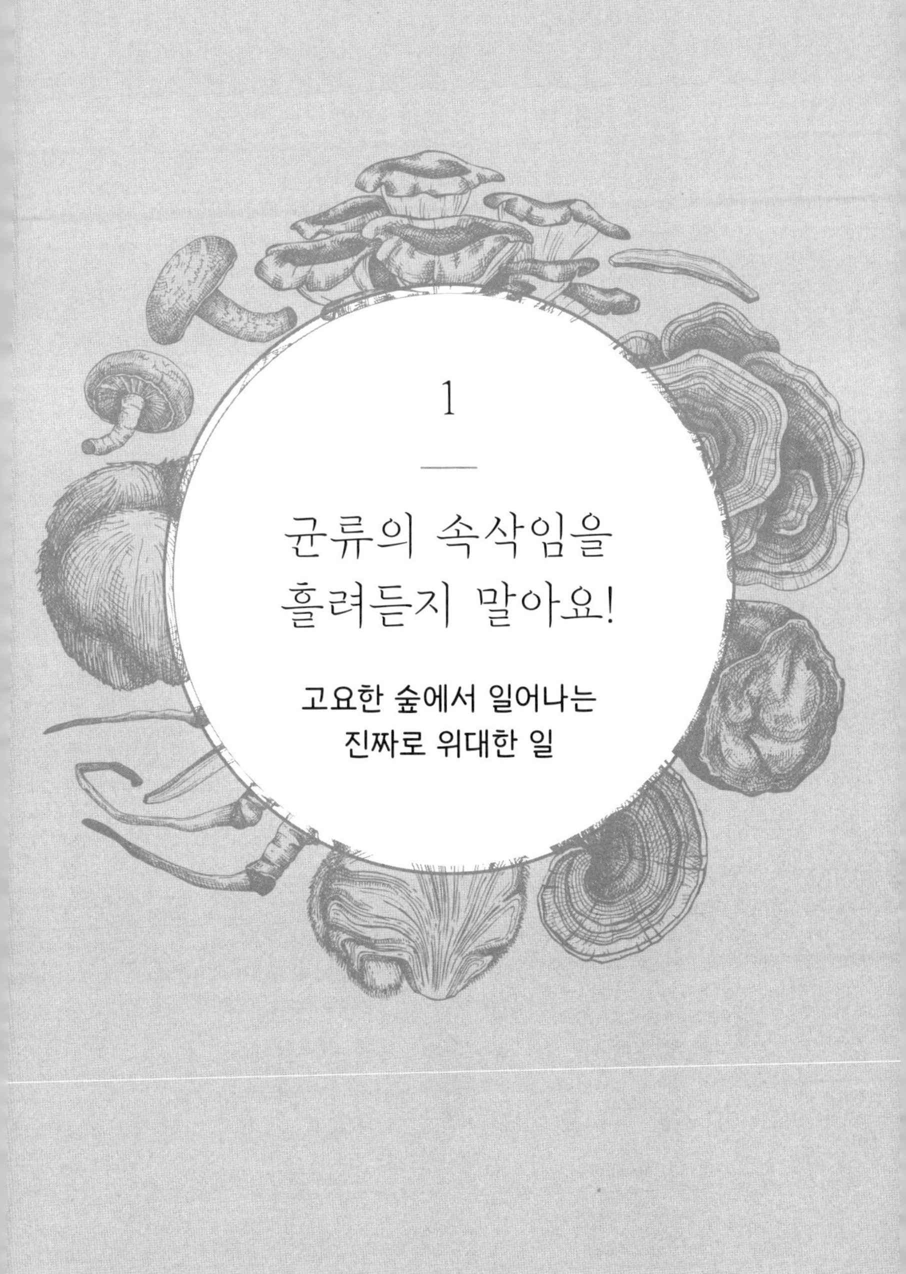

1

균류의 속삭임을 흘려듣지 말아요!

고요한 숲에서 일어나는 진짜로 위대한 일

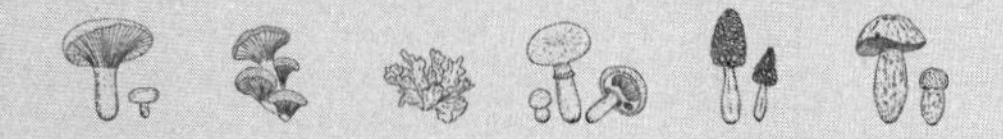

만물이 날로 시끄럽고 날로 눈부시며 날로 빨라진다.

하지만 우리 두뇌는 그러라고 만들어진 것이 아니다.

우리 두뇌는 청명한 밤하늘에 별이 반짝이고

쥐 죽은 듯 고요하던 시절,

아직 모닥불을 피우던 시절에 만들어진 것이다.

팀 슐린치히, mymonk.de

아마 당신도 지금까지는 현미경 없이 볼 수 있는 생물은 단 두 종류밖에 없다고 생각했을 것이다. 동물과 식물, 그 두 가지뿐이라고 말이다. 하지만 그 생각은 틀렸다. 우리 지구에 사는 고등 생물은 크게 3가지 형태로 나뉜다. 그 세 번째 종인 균류 역시 동물이나 식물만큼 널리 퍼져 있으므로 어디에서나 쉽게 만나볼 수 있다. 또한 균류는 우리의 예상이나 추측을 뛰어넘을 만큼 지대한 의미를 갖는다. **균류에는 우리가 숲에서 자주 보는 버섯은 물론이고 미생물들도 포함되며, 이것들 역시 어디에나 널리 퍼져 있기 때문이다.** 그래서 가령 숨을 한 번 쉴 때마다 우리는 최소 10개의 균류 포자를 들이마신다. 뭐 그 정도 가지고 호들갑이냐고? 그렇다면 잠시만 기다려라. 이제 곧 무시무시한 의학균학의 세계로 인도할 것이니…… 아마 당신은 충격 못지않게 터져 나오는 감탄사로 입을 다물지 못할 것이다. 장담컨대 균류의 세상은 감동과 감탄이 넘쳐나는 곳이니 말이다.

우선은 몇 가지 기초 지식에서부터 시작해 보자. 식물은 엽록소를 가진 잎으로 태양의 에너지와 공기 중의 이산화탄소를 빨아들이고 뿌리로 땅의 영양분을 빨아올려 당을 만든다. 하지만 생물수업 시간에 다들 배우는 이 원리만으로는 식물세계의 생물학적 기초를 모두 다 설명할 수는 없다. 식물과 땅을 이어주는 다리 역할은 뿌리 혼자의 것이 아니기 때문이다. 식물은 땅속 균류와도 이어져 있다. 식물의 90% 가까이가 균근이라 부르는 식물과 공생한다. "균근 *mycorrhiza*"이라는 말은 그리스어 *mýkēs*(균류)와 *rhiza*(뿌리)의 합성어이다. 이 둘의 파트너 관계는 뒤에서 더 자세히 살펴볼 테지만, 겉보기에만 공생관계인 경우도 있고 속까지 파고드는 진짜 공생일 수도 있다. 겉보기에만 그런 경우는 흔히 "외생균근 *ektomycorrhiza*" (그리스어 *ekto*는 "밖"이라는 뜻이다.)이라 부르고, 속까지 파고드는 내밀한 관계는 "내생균근 *endomycorrhizza*" (그리스어 *endo*는 "안"이라는 뜻이다)이라 부른다. 이 두 가지 형태의 차이점은 양쪽 파트너의 구조적 친밀함과 물질교환의 생리적 과정이다.

중부유럽에선 외생균근이 가장 많이 목격된다. 다시 말해 가지를 뻗어나간 균사들이 땅속에서 어린 식물의 뿌리 주변을 두꺼운 외투처럼 감싼다. 균사가 뿌리껍질, 즉 뿌리 피질 안까지 뚫고 들어가 자랄 수는 있지만 뿌리세포까지 침범하지는 않는다. 내생균근의 경우는 반대로 물질교환의 면적을 최대한 넓히기 위해 균사가 식물의 뿌리껍질세포 안까지 밀고 들어간다. 사실 이보다 더 긴밀한 공생은 없을 것이다. 그러자면 식물이 균류에게 엄청난 "신뢰"를 선사해야 하기 때문이다. 낯선 유기체를 자기 몸의 세포 안으로 들어오게 허락하였다가 자칫 치명적인 결과가 초래될 수도 있으니 말이다. 실제로 적지 않은 균류가 기생을 하며 다른 식물이나 동물을 (인간마저도) 죽인다. 물론 대부분의 경우 식물은 누가 자신에게 이로운지 아닌지를 훤히 "알고 있다."

정말 다 안다고? 균류의 종류가 무지막지하게 많고 다양하다는 사실을 생각한다면 그건 정말이지 놀라운 사실이 아닐 수 없다. 우리가 잘 아는 아마니타 무스카리아 버섯Amanita muscaria은 중부 유럽에 사는 10,000 종에 달하는 대형점균류Macromycetozoa 중 하나에 불과하다. 대형점균류는 맨눈에도 잘 보이는 갓을 만드는 그런 균류를 말한다. 광대버섯 속 하나만 해도 앞서 말한 아마니타 무스카리아 버섯은 물론이고 알광대버섯Amanita phalloides처럼 위험한 녀석들까지 포함하여, 그사이 알려진 것만 해도 500종에 달한다. 물론 전문가들은 아직 알려지지 않은 광대버섯 역시 최소 500종에 달할 것으로 추정한다.

균류는 채소가 아니다

그러니까 균류의 세계 지도에는 아직도 발견되지 못한 미지의 백지가 여전히 많다는 소리이다. 그것이 어쩌면 당연한 일인 것이, 몇십 년 전까지만 해도 우리는 균류를 독립국으로, 즉 독자적인 생명 형태로 보지 않았다. 우리 선조들은 균류가 무엇인지를 알지 못했다. 오랜 세월 인간이 생각하는 세상에는 식물, 동물, 인간, 이 3가지 범주의 생명체밖에 존재하지 않았다. 다윈 이후 인간은 생물학적으로 동물의 왕국에 포함되었고, 그러자 남은 것은 동물과 식물뿐이었다.

균류가 정확히 무엇인지는 여전히 명확하지 않아서 계속해서 논란거리가 되었다. 심지어 지금까지도 유명 인터넷 생물학 백과사전에는 이런 정의가 실려 있다. **엽상식물**Thallopyta**은 다세포 생물로, 경엽식물과 달리 뿌리, 줄기, 잎의 뚜렷한 구분이 없다. 엽상식물에는 조류, 지의류, 선태류, 균류가 포함된다.** 아니다! 균류는 엽상식물이 아닐뿐더러 그 어떤 종류의 식물(-phyta)도 아니다. 균류는 광합성을 하지 않기 때문에 식물을 의미하는 phyta라는 분류명칭 어미를 붙일 수가 없다. **균류는 양분을 먹어야 한다.** 이런 이유에서 식물보다는 동물에 더 가깝다. 균류는 예전에 어떤 아이한테 들었던 것처럼 "축축한 땅에서 자라서 우산 모양이 된 채소"가 아니다. 매력적인 표현이지만 옳지는 않다. 식물이 아니니까 채소도 아닌 것이다.

균류는 어떤 종류의 생명체일까?

생명체의 세상에서 균류에게 처음으로 독자적인 지위를 부여하였던 학자는 로버트 휘태커Robert Whittaker로, 그의 **5계 분류체계**는 1969년에 발표되었다. 하지만 균류의 특별한 지위가 인정되고, 그것이 식물이 아니라는 사실이 알려지기까지는 다시 20년이 더 걸렸다. 지금도 생물은 동물과 식물 두 가지밖에 없다고 생각하는 사람들이 적지 않다. 그들은 균류가 식물의 원시적인 조상 같은 것이라고 생각한다. 식물학 교과서에도 오랫동안 그렇게 적혀 있었다. 균류를 어느 범주에 집어넣느냐를 두고 몇십 년 동안 학계에서 치열한 논쟁이 벌어졌기 때문이다.

균류가 독자적인 생명 형태라는 깨달음은 코페르니쿠스에 버금가는 패러다임의 전환이었다. 독자적 생명 형태라는 깨달음과 더불어 균류가 식물보다 먼저 존재했다는 사실도 밝혀졌기 때문이다. 균류는 식물이 발생하여 육지로 오르는데 결정적인 공헌을 하였다. 그리고 지금도 식물의 90%가 균류 덕분에 생명을 유지한다.

땅에 사는 거대한 실타래

내가 여기서 균류라고 부르는 것은 우리가 키우거나 숲에서 따서 먹는 버섯갓만을 말하는 것이 아니다. 균류는 땅이나 나무에 숨어 사는 실 모양의 생명체이다. 이 진짜 균류는 눈도 없고 피부도 없기 때문에 얼핏 보면 외계인처럼 낯설고 무섭다. 그러니 이 생소한 생명체에게 금방 정을 붙이기란 쉽지 않은 일일 것이다. 더구나 그것이 끈적끈적하거나 치명적인 독을 품고 있다면 말이다. 심지어 섬뜩할 때도 많다. 땅속에서 끝없이 이어진 하얀 균류의 실타래 대부분은 야광이어서 밤이면 빛을 낸다.

과연 그런 생명체에게 정을 느낄 수 있을까? 하지만 조금만 더 균류에 대해 알고 나면 마음이 달라질 수 있을 것이다. 특히 균류가 없다면 우리는 자연에서, 숲에서 지금처럼 편히 쉴 수 없을 것이라는 사실을 생각한다면 더욱 정이 가고 사랑스럽게 느껴질 것이다. 균류가 없다면 숲의 치유력도 사라진다. 식물은 이산화탄소를 먹는다. 균류와 동물과 인간은 이산화탄소를 내뿜는다. 식물은 광합성을 통해 산소를 배출하고, 균류는 우리와 마찬가지로 그 산소를 먹고 산다. 균류와 나무는 자기들만의 방식으로 서로 협력하며 사는 것이다.

자, 이제부터 **신비한 균류의 세계**로 한 걸음씩 들어가 보기로 하자. 균류를 토마스 아퀴나스가 말한 쾌락의 샘으로 삼아보자.

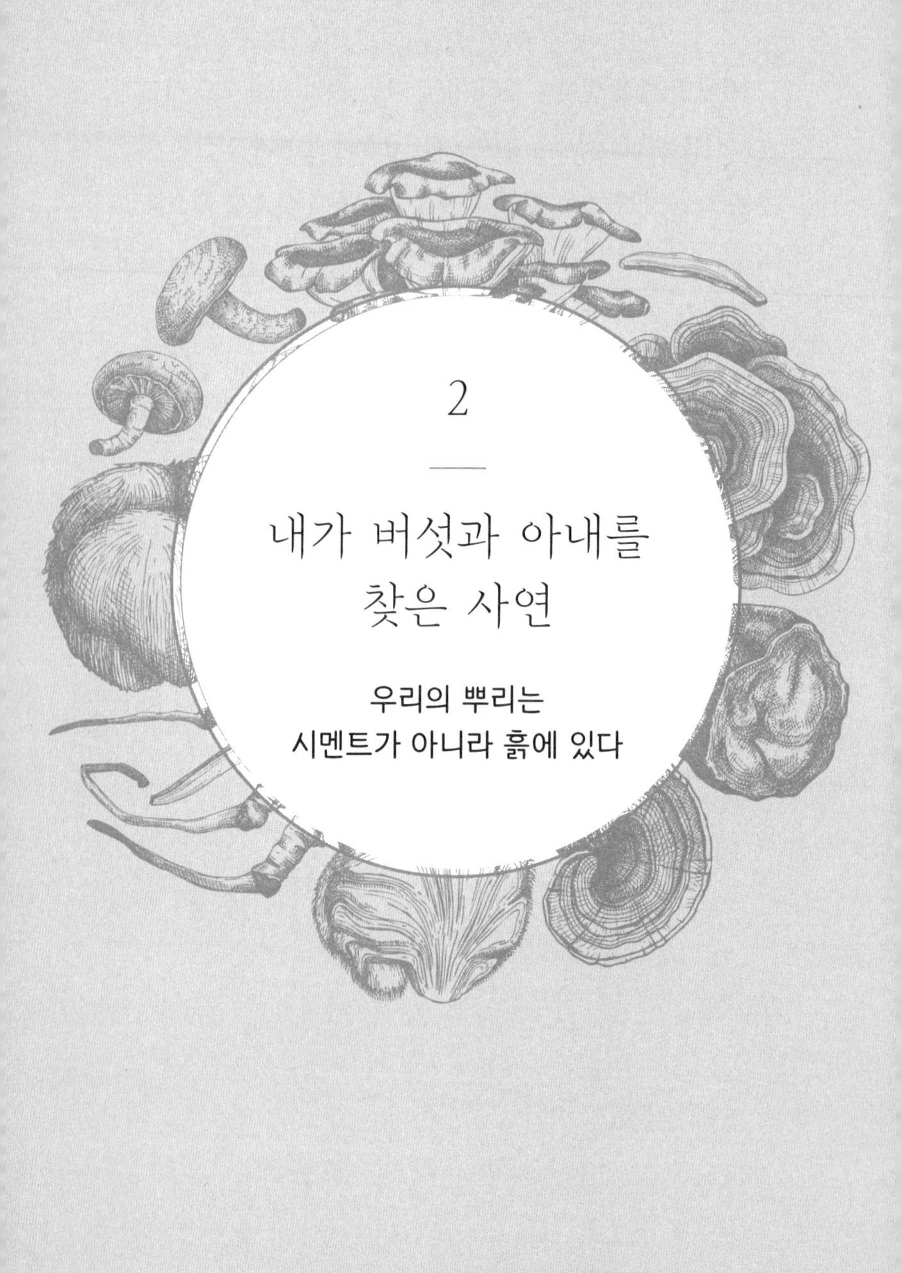

2

내가 버섯과 아내를 찾은 사연

우리의 뿌리는 시멘트가 아니라 흙에 있다

사랑하면 만물이 쾌락의 샘이 된다.

토마스 아퀴나스

지금부터 털어놓을 이야기는 1980년 늦여름의 어느 화창한 날에 있었던 일이다. 나는 아름다운 여성과 숲으로 들어갔다. 솔직히 고백하자면 숨은 의도가 있었다. 나는 사랑에 빠졌고 그녀와 결혼하고 싶었다. 게다가 비가 많이 내린 후라 버섯이 한창이었다. 어릴 적부터도 나는 버섯이 한창인 이 무렵이 되면 마음이 설레어 가만히 있을 수가 없었다. 내가 사랑하는 여성은 미식가였다. 구애를 앞둔 23살의 청년이라면 그 취향에 맞게 미리 준비를 갖추어 최대한 좋은 인상을 심어주려는 것이 당연하다. 나는 단단히 준비를 했다. 바삭한 빵에 크림치즈를 바르고 소금, 후추, 잘게 썬 파프리카를 뿌리고 양파 몇 조각도 올렸다. 또 시원하게 냉장시킨 맥주 두 병을 정성껏 신문지에 돌돌 말아 배낭에 집어넣었다.

특별한 프러포즈 반지

그해의 버섯 시즌은 실로 대단했다. 숲이 온통 버섯 천지였다. 고백의 순간이 다가오자 나는 어마어마하게 큰 큰갓버섯 하나를 꺾었다. 녀석은 버섯 친구들 중에서도 특히 거인이었다. 그리고 헐렁하게 걸려 있는 고리 모양의 턱받이를 자루에서 빼어내어 신부의 손가락에 끼웠다. 균학의 기본지식은 여러 모로 쓸모가 많다. 큰갓버섯 속Macrolepiota의 모든 종이 턱받이를 뺄 수 있는 것은 아니다. 하지만 지금 우리 앞에 있는 이 큰갓버섯Macrolepiota procera은 고리 모양의 턱받이가 쏙 빠진다.

프러포즈 반지가 파격적인 데다 견고성 면에서도 금에 비하면 턱없이 부족했지만 그녀는 상징적 의미를 보아 그 반지를 기쁘게 받아주었다. 빵과 맥주도 효과 만점이었다. 그렇게 프러포즈는 순탄하게 진행되었고 36년이 지난 지금 우리는 여전히 함께 숲을 거닐며 버섯을 찾고 사진을 찍는다.

버섯 스테이크는 맛있지만 소화가 안돼

나는 어릴 적부터 버섯이라면 환장을 했다. 4살 무렵부터는 부모님을 따라 버섯을 따러 다녔고 버섯 요리도 엄청 좋아했다. 그때도 지금도 내가 제일 좋아하는 것은 구운 큰갓버섯이다. 큰갓버섯은 튀기면 모양이 비너 슈니첼* 같지만 내가 보

*슈니첼 : 송아지 안심을 부드럽게 다진 다음 밀가루, 빵가루, 달걀물을 묻혀 기름에 튀긴 후 레몬 즙을 뿌려 먹는다 - 옮긴이

기에 맛은 훨씬 더 좋다. 겉바속촉의 향긋한 이 별미는 아무리 먹어도 질리지가 않지만 예전엔 어머니가 많이 못 먹게 말렸다. 애들은 위장이 약해 소화가 잘 안된다고 하시면서 말이다. 지금 와서 보면 어머니의 말씀도 틀리지 않았다. 버섯의 세포벽은 키틴으로 이루어지는데 이 다당류는 원체 소화가 잘 안되지만 대신 유익한 섬유질을 많이 함유하고 있다. 다행히 나는 버섯을 먹어도 위에 크게 부담이 되지 않는 유형이다.

나는 내가 좋아하는 버섯들의 학명을 찾아보기 시작했고 가족들 앞에서 그 알량한 지식을 마음껏 뽐냈다. 그러니 내가 생물학자가 된 것은 이미 그 시절에 정해진 운명이라 할 것이다.

갓버섯Lepiota을 둘러싼 분분한 의견들

그렇게 큰갓버섯의 학명이 마크로레피오타Macrolepiota라는 것을 일찍부터 알았고 이 큰갓버섯 속은 땅에 사는 부생균류Saprobiont, 즉 죽은 유기물을 먹고사는 버섯이며 양분이 많은 숲과 들을 좋아한다는 사실도 배웠다. 또 크기가 더 작은 갓버섯도 있는데, 이것들은 마크로Macro를 빼고 그냥 레피오타Lepiota라고 부른다는 사실도 알게 되었다. 이 작은 갓버섯들 중에는 치명적인 독성분인 아마톡신을 함유한 종이 여러 개 있어서 사람들은 갓버섯 속 전체를 잘 먹지 않는다. 전문가가 아니고서는 갓버섯을 정확히 구분하기가 힘들기 때문이다.

그 후로 나는 숲에서 갓버섯을 보면 자세히 살펴보았다. 큰갓버섯에 포함될 만큼 크기가 충분히 큰가? 턱받침이 자루에 헐렁하게 붙어있어서 움직일 수 있는가? 그렇다면 구워서 맛나게 먹었다. 그런데 얼마 후 -역시나 식용인- 젖꼭지큰갓버섯Macrolepiota mastoidea의 턱받이는 움직이지 않는다는 사실을 알아냈다. 그러니까 그동안 나는 수많은 맛난 버섯을 놓쳤던 셈이고, 여기저기서 버섯에 대해 좀 얻어 듣고는 엄청나게 많이 안다고, 모르는 게 없다고 자만해 왔던 것이다. 진실에서 이보다 더 먼 생각은 없을 것이다. 버섯은 알면 알수록 모르는 것이 더 많은 생명체이기에 버섯을 좋아한다면 열심히 학문의 발전을 쫓아가야 한다. 갓버섯만 봐도 그렇다. 나는 내가 사용한 2가지 기준, 즉 크기와 움직일 수 있는 턱받이만으로 확실히 구분할 수 있다고 착각했다. 그러나 현재 균학은 공기에 닿으면 갓이 붉게 변하는 독흰갈대버섯을 큰갓버섯 속에서 분리하여 흰갈대버섯Chlorophyllum이라는 이름의 독자적인 속에 포함시킨다. 흰갈대버섯은 큰갓버섯과 달리 자루가 얼룩덜룩하지 않고 매끈하다. 또 1979년에 발견된 한 종의 흰갈대버섯에선 독이 검출되었다. 하지만 그것이 실제로 독자적인 종인지를 두고는 지금까지도 논란이 계속되고 있다. 녀석은 기후가 맞는 남부 유럽의 여러 지역에서 발견되지만 거름을 많이 한 땅이나 두엄더미에서도 자주 볼 수 있다. 그래서 요즘 나는 조심하는 차원에서 두엄더미나 정원에서 발견했는데 갓이 붉은 색인 갓버섯은 먹지 않는다. 게다가 흰갈대버섯은 향과 맛도 불쾌하다.

그러니까 버섯은 단순한 생명체가 아니다. 균학의 세상은 날로 다분화되고 매일 더 복잡해진다. 버섯 채집을 새롭게 시작하는 모든 이들이, 또 여전히 할머니에게 전해 들은 이야기가 지식의 전부인 이들이 꼭 명심해야 할 사실인 것이다.

버섯은 열정의 샘

어릴 적 취미가 직업이 되었다.

아름답고 이상하고 신비한 버섯은 시간이 갈수록 점점 더 열정의 대상이 되었다. 나는 버섯을 찾아 들고 감탄하였고, 몇 센티미터 내 발밑에서 눈에 보이지 않는 어떤 일들이 일어나고 있을지 궁금했으며, 지금껏 몰랐던 종의 이름을 알아내고 사진을 찍었고, 잘 골라낸 녀석들은 프라이팬에 구워 먹었다. 버섯은 녀석을 사랑하지 않는 사람이라면 이해하기 힘든 아우라를 뿜어낸다. 무시무시한 죽음의 아우라를 풍기는 녀석들도 있지만, 제멋대로여서 예측 불가능한 녀석들도 있다. 몇 년씩 죽은 듯 숨어 있다가 갑자기 떼거리로 갓을 피워낸다. 우리가 예측했던 장소일 때도 있지만 전혀 예상치 못한 장소에서도 불쑥 솟아난다.

버섯은 지하의 네트워크

1998년 유명 잡지 <네이처>에 나무들의 네트워킹에 기여하는 균근의 지대한 생태학적 공로를 강조한 논문 한 편이 개재되었다. 식물과 균류는 서로 소통한다. 그를 위해 숲의 대기[1]를 채우는 페르펜 같은 화학 전달 물질을 이용하기도 하지만, Wood Wide Web, 즉 나무들의 인터넷[2]이라 부를 균류의 네트워크도 많이 활용한다.

이 나무와 균류의 네트워크는 어디에 유익하며 어떻게 작동하는가? 식물들은 뿌리를 내리기 때문에 한 번 자리 잡은 장소가 살기 힘들어도 마음대로 딴 곳으로 갈 수가 없다. 그래서 균사를 도관시스템으로 활용해 유익한 물질을 서로 주고받는다. 물론 "전 세계적" 네트워크라는 표현은 과장이겠지만 일반적으로 오래된 원숙한 자연환경의 경우 균근은 단순한 두 개체의 네트워크로 그치지 않는다. 수많은 균류와 식물 개체들이 결합되어 세대를 넘어 유지되고 개량과 개축을 거듭하는 거대하고 복잡한 네트워크인 것이다.

어둠 속의 속삭임

이런 숲의 네트워크는 어떤 모양일까? 식물은 식물 호르몬인 스트리고락톤을 이용해 균류를 뿌리가 있는 곳으로 유혹한다. 그럼 그 "낙점된 균류"는 깜깜한 땅속에서 촘촘한 흙을 뚫고서 수백만 유기물질 중에서 "그의 뿌리"가 있는 곳을 찾아낸다. 균류는 Myc 유전자(화학적으로 보면 키틴 올리고머oligomer이다)를 이용하여 식물에게 이런 메시지를 전한다. **거의 다 왔어. 금방 도착할 거야. 방어시스템을 해제하지 말고 미세한 곁뿌리를 만들어, 그럼 내가 그 뿌리를 휘감을 테니까.** 이 공생 이전 단계는 인간의 관점에서 보면 부드러운 시작의 시기라고 부를 수 있을 것이다. 한 마디로 상호 신뢰를 구축하는 단계이다. 숲에도 "혼인 빙자 사기꾼" 기생식물들이 호시탐탐 기회를 노리고 있으니 말이다. 서로를 알아가는 동안 양쪽 파트너들의 세포에선 극적인 변화가 일어난다. 균류가 식물의 뿌리와 도킹하기 위해 균족 Hyphopodium을 만드는 동안 균족 아래쪽에 위치한 식물껍질의 표피 세포 역시 광범위한 세포 개조를 거친다. 세포골격cytoskeleton과 소포체가 소위 사전 침투 장치(PPA, pre penetration apparatus)를 만들어 그것이 표피세포를 통과할 균사의 길을 정하는 것이다. 그러니까 균류는 "완력을 사용해" 식물 세포를 통과하는 것이 아니다. 오히려 숙주가 균류에게 적극적으로 길을 열어준다. 균사는 껍질의 세포층 사이에서도 세로로 퍼져나갈 수 있기 때문에 시간이 지나면 나무 속껍질 세포에서 "고대하던" 수지상체 Arbuscule를 형성하게 된다. 수지상체란 균사의 끝이 나뭇가지처럼 뻗어나간 모양의 균사체를 말한다.

네트워킹의 이득에 대하여

앞서 언급한 스트리고락톤strigolactone은 1차 유발인자로서 식물에게 많은 것을 선사한다. 그것이 식물의 뿌리 시스템을 개량하고 균근화를 향상시켜주는 덕분에 식물이 땅에서 더 많은 인산염과 기타 영양소, 물을 끌어올릴 수 있는 것이다. 균류 역시 식물과의 관계를 통해 많은 것을 얻을 수 있다. 식물이 광합성을 통해 생산한 당분 중에서 자기 몫을 받아내기 때문이다.

그러기에 우리는 땅속에서 일어나는 이런 소통과 협력을 최고 단계의 상호 이익이라 부를 수가 있다. 숲은 거대한 전체이다. 수백만 년 동안 공존하며 정보를 나누는 수많은 생명체의 집단이다. 숲은 그곳을 찾은 우리 인간들과도 소통을 한다.

숲에서 우리는 삶을 긍정적으로 바꾸어줄 영성의 샘을 찾는다. 마음만 활짝 연다면 숲과 더불어, 나무와 더불어, 눈에 보이지 않는 그 모든 균류와 더불어 거대한 생명의 균사체를 만들 수 있을 것이다. 모든 생명에 대한 깊은 공감이 우리를 인간으로 만든다. **"우리에겐 뿌리가 있다. 그 뿌리는 시멘트 바닥에선 자라지 못한다. 모든 인간은 마음 저 깊은 곳에서 자연으로 달려가고픈 충동을 느낀다."** 작고하신 오스트리아 음악가 게오르크 단처Georg Danzer의 아들 안드레아스 단처Andreas

Danzer는 이렇게 강조한다. 이탈리아 작가 피에로 칼라만드레이Piero Calamandrei도 말했다. "…… **그들이 모두 숲으로 달려간다. 며칠 만에 다시 자유롭게 일할 수 있는 행복과 기쁨을 되찾고 세상과 화해하며……"**

밤비, 보랏빛 소, 노란 오리 그리고 자연결핍 증후군

하지만 오늘날 우리는 자연으로부터 점점 멀어진다. 자라나는 세대는 현실의 자연보다 디지털 세상이 더 친근하다. 심리학자들과 정신과 의사들은 이런 현상을 두고 **자연결핍 증후군**이라고 부른다. 자연과 멀어지면서 여러 기현상들이 나타나기 때문이다. 1990년 대 중반에 독일 바이에른에서 실시한 실험 결과만 보아도 그러하다. 4만 명의 실험 참가 아동 중 30%가 소를 보라색으로 색칠했다. 초콜릿 제조업체 밀카의 광고 때문이었다. 1997년의 설문조사에서는 응답 아동의 7%가 오리는 노란색이라고 대답했는데 그 비율이 2003년이 되자 11%로 상승하였다.

이것은 자연으로부터 멀어지고 있는 우리 아이들의 현실을 입증하는 몇 가지 소소한 증상들에 불과하다. 자연의 형태와 과정과 현상에 대한 무지, 자연의 리듬과 사이클에 대한 무경험은 개인과 사회 모두에게 막대한 악영향을 미친다. 낯설고 친근하지 않은 자연은 소중하지 않다고 느끼므로 파괴해도 괜찮다고 생각하기 쉽다. 그뿐만이 아니다. 자연으로부터 멀어지면 우리의 인간성도 사라진다. 인간은 그 자체가 자연이기 때문이다. 우리 역시 시멘트와 아스팔트에 맞추어 진화한 생명체가 아닌 것이다.

이런 상황에서 균류는 다시 자연으로 돌아갈 길을 가르쳐줄 훌륭한 교육자가 될 수 있을 것이다. 앞서 말한 광고와 달리 미화하지 않은 현실적인 자연을 가르쳐줄 것이다.

자연 미화의 대표적인 현상으로 흔히 밤비 신드롬을 꼽는다. 자연은 때로 잔인하지만, 만화나 디즈니 영화, 어린이 책에 담긴 자연은 아름답기 그지없다. 행복에 겨운 분홍 빛깔의 생명체들과 귀여운 광대버섯이 함께 어우러진 이상화된 가상 세계이다. 그러다 보니 아이들의 자연 인식은 왜곡되고 이분화된다. **"나무를 심는 건 착한 행동이고 나무를 베는 건 무조건 나쁜 짓이며 사냥꾼은 살인자다."** 하지만 자연의 얼굴은 여러 개다. 그것을 있는 그대로 받아들이는 것이 삶에 대한 사랑이다. 맹수도, 기생충도 자연의 일부이다. 그것들을 사랑하기는 힘들겠지만, 그것들을 현실의 일부로 인정하고 자연의 무한한 발명 재능에 박수를 보내야 하는 것이다.

땅속에서 벌어지는 기적의 한 조각이라도 경험해보고 싶다면 미국 생태학자 데이비드 해스켈David G. Haskell처럼 1년 동안 1평방미터의 숲 땅을 현미경으로 관찰하며 작은 생명체들의 협업을 기록해 보라고 권하고 싶다. 정말 황량하지 않더냐는 질문에 그는 이렇게 대답했다. **"전혀요. 그 1평방미터에 사는 수많은 생명체와 그들이 들려주는 수많은 이야기에 매일 놀랐답니다. 들여다보고 귀 기울이며 냄새를 맡는 시간이 길어질수록 흥미가 점점 더 커졌거든요."**

수정난풀, 뭘 좀 아는 음흉한 녀석

자연의 놀라운 발명 재능은 우리 인간의 도덕적인 범주로 볼 때 "나쁜" 것들에게서도 자주 확인이 된다. 그 대표 주자가 바로 북반구에 널리 퍼져 자라는 수정난풀Monotropahypopitys이다. 진화의 창의성을 생각할 때 앞서 소개한 균근의 완벽한 시스템을 균근 이외의 다른 생명체가 활용할 생각을 하지 못했다면, 오히려 그것이 더 이상하지 않겠는가? 그런 멋진 생각을 해낸 또 다른 생명체가 바로 수정난풀이다. 엽록소가 없고 희끄무레한 노란빛을 띤 흰색 탓에 아스파라거스를 연상시키는 이 기생식물은 스스로 광합성을 할 수가 없다. 그래서 녀석은 균사에 적당히 자리를 잡고 앉아서 나무와 버섯을 연결하는 균근을 공격한다. 인터넷에 비유하자면 나무와 버섯의 소통 채널에 침범하여 정보를 빼내는 해커에 비유할 수 있을 것이다.

균근을 연구하는 학자들은 일찍부터 이 식물에게 관심을 가졌지만 오랜 시간 녀석을 죽은 유기물을 먹고사는 부생영양식물이라고 생각했다. 실제로 많은 버섯이 그렇게 죽은 유기물을 먹고 산다. 하지만 송이버섯Tricholoma의 균근을 현미경으로 자세히 살펴보면 수정난풀이 부생영양식물이라는 생각이 틀렸다는 사실을 금방 알 수 있다. 수정난풀은 이 버섯과 나무를 잇는 공생의 끈에 붙어 기생한다. 이런 사실이 알려지면서 녀석의 특별한 생활 방식에도 새로운 이름이 붙었다. 바로 진균 유기 영양 생물성mycoheterotrophy이라는 이름이다. 1960년 에릭 비요크만Erik Björkmann은 방사성 추적자를 이용하여 이 현상을 입증하였고, 나아가 이런 형태의 영양소 도둑질에 중기생(重寄生 epiparasitism)이라는 이름을 붙여주었다.

균류가 없으면 난초도 없다

이런 맥락에서 난초를 언급하지 않을 수가 없다. 전 세계적으로 널리 퍼진 이 식물군은 종이 최고 3만 종에 달하여 속씨식물 중에서는 두 번째로 큰 과(科)이다. 그런데 꽃의 여왕이라고도 불리는 난초는 균류와의 공생이 필수적인obligat mykotrophy 식물이다. 균류의 도움이 없다면 난초는 아예 세상의 빛을 볼 수가 없기 때문이다. 난초는 씨앗이 너무 작아서 혼자서는 소수세포 단계를 넘어 자랄 수가 없다. 따라서 균류에게서 필요한 영양소를 공급받아야 한다. 균근이 어린 싹에게로 뚫고 들어가서 이제 막 자라기 시작한 뿌리에 터를 잡는 것이다. 하지만 싹과 덩이뿌리에는 보통 균류가 없다. 이렇듯 모든 난초는 생의 첫 단계에 필수적으로 균류의 도움이 필요하며, 종에 따라서 더 오랫동안 균류에게 기대어 사는 것들도 많다. 그러나 훌쩍 자라 잎을 활짝 피우면 혼자서도 충분히 영양을 만들 수 있을 것이므로 더 이상 균류에게서 영양을 얻어먹을 필요도 없어질 것이다.

아름다운 난초 곁에 계속 머물고 싶지만 이제 그만 발길을 옮겨 균류의 숲으로 들어가 보자. 그곳에서 녀석들의 놀라운 재능과 황당한 능력, 무한한 가능성을 발견할 수 있을 것이다. 신비한 실의 존재가 정말 못하는 것이 없는 다재다능한 능력자라는 것을 알 수 있을 것이며……

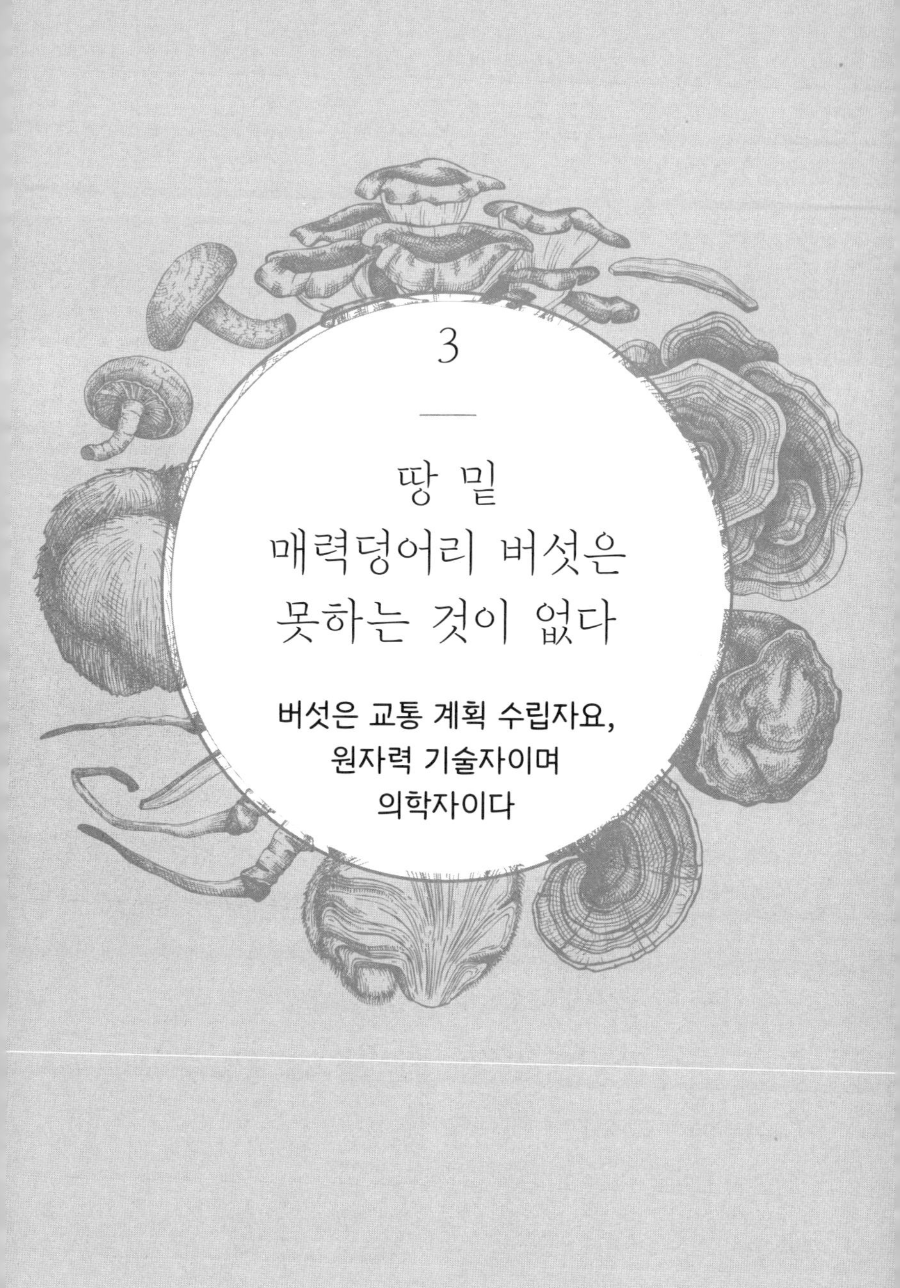

3

땅 밑 매력덩어리 버섯은 못하는 것이 없다

**버섯은 교통 계획 수립자요,
원자력 기술자이며
의학자이다**

학자들이 자작나무에 주입한
방사능 탄소는 땅과 균류를 거쳐
이웃의 미송한테로 이동하였고……

페터 볼레벤

대부분의 사람들은 균류에 대해 아는 것이 별로 없다. 그러면서도 버섯한테는 큰 관심을 쏟는다. 버섯갓이 단순한 식재료의 수준을 넘어 특별한 미식의 재료이기 때문은 아닐까? 어쩌면 버섯 열광의 이유는 더 심오하고 더 다층적일 수 있다. 이 장에서 우리는 균류의 놀라운 세상으로 들어가 녀석들의 정체를 파헤쳐볼 것이다. 네트워크를 자랑하는 생존 기술자, 음흉한 강도, 천재적인 교통계획 수립자, 고도의 효율을 자랑하는 재활용 전문가…… 녀석의 변신은 과연 어디까지일까?

나무와 균류, 떼려야 뗄 수 없는 한 쌍

나무와 균류의 공생은 세상 최고의 기적이다. 그리고 우리가 제일 많이 먹는 버섯들 역시 이런 기적의 결과물이다. 그런 버섯들 대부분이 절대적 공생균obligat mykotrophy, 다시 말해 뿌리와 결합하지 않고는 그 맛난 버섯갓을 만들 수 없기 때문이다. 그러니까 그물버섯이나 꾀꼬리버섯 같은 대부분의 맛난 버섯들 역시 나무와 균류의 밀접한 관계가 없었다면 우리의 입을 즐겁게 해 줄 수 없었을 것이다.

나무 한 그루가 최고 100종의 버섯과 친구가 될 수 있고,

같은 종의 많은 개체들과 교류할 수 있다. 1cm^{3}의 흙에 최고 20킬로미터의 균사가 들어갈 수 있다. 균류는 인간 두뇌의 신경과 비슷하게 모든 것을 뚫고 자라며, 상상할 수 없을 정도로 복잡한 조직망을 구축한다. 민족식물학자 볼프 디터 슈토를Wolf-Dieter Storl의 표현을 빌리자면 균류가 식물의 두뇌를 만드는 셈이다. 균류는 식물과 주변 생태계의 정보교류를 조절한다. 물론 식물의 뿌리 역시 식물 지능의 증거이다. 계속해서 새로 생겨나는 수없이 많은 모근을 통해 식물은 주변을 인지하고 땅을 더듬어나간다. 그렇게 하여 물 분자와 미량원소, 기타 생화학적 정보를 찾아내는 것이다.

땅 밑의 거래

나무 한 그루보다 훨씬 더 큰 용적을 차지할 수 있는 균류는 나누어 먹기를 좋아한다. 그래서 땅에서 수집한 거의 모든 미네랄을 식물에게 건네준다. 식물은 광합성을 하는 생명체로써 영양소가 필요하기에 균류가 건네준 선물을 허겁지겁 받아먹는다. 극도로 가는 균사는 거의 전능하다 부를 효소를 갖고 있기 때문에 식물의 뿌리보다 훨씬 효율적으로 미네랄에

접근할 수 있다. 하지만 자고로 공생이란 받기만 해서는 안 되는 법, 식물도 균류에게 광합성을 통해 생산한 당분을 대가로 나누어준다. 식물은 생산한 당분을 최고 20%까지 균류에게 나누어줄 수 있다. 덕분에 균류는 식물에게서 탄수화물을 얻어먹고, 그에 더해 비타민 및 그 전단계 물질까지 얻어먹는다. 많은 균류가 우리 인간처럼 스스로 비타민을 생산할 수 없기 때문이다. 현재 우리는 최초의 지상 식물이 생존할 수 있었던 것은 다 식물과 균류의 공생 덕분이었다고 생각한다. 그런 유익한 공생이 나중에야 생겨났다고는 생각할 수 없기 때문이다. 식물과 균류는 수백만 년 전부터 공생하여 서로 득을 보았고, 덕분에 모든 다른 생명체들에게도 큰 이득을 주었다. 그렇게 본다면 진화의 진정한 동력은 경쟁이 아니라 협력인 것 같다. 힘을 합치면 더 강해진다는 깨달음이야 말로 진화를 이끈 힘이었다. 실제로 협력은 지대한 결과를 낳을 수가 있다.

버섯 세계의 놀라운 기록

지구에서 가장 큰 생명체가 무엇이냐는 질문에는 다양한 대답이 나올 수 있다. 지금껏 지구에서 살았던 동물 중 가장 무거운 동물은 수염고래 과의 대왕고래Balaenoptera musculus로, 포유류이다. 가장 큰 놈은 길이가 무려 33미터이며 무게가 최고 200톤에 달한다고 한다. 다만 그렇게 몸이 무거우니 물에서만 살 수 있다.

식물의 세상으로 눈을 돌려보면 제너럴 서먼 트리General Sherman Tree가 있다. 캘리포니아 세쿼이아 국립공원의 자이언트 포레스트에서 자라는 이 자이언트 세쿼이아Sequoiadendron giganteum는 키와 함께 부피까지 계산할 경우 대왕고래보다 훨씬 크다. 키가 83.8미터에 부피가 1487m^3이며 무게가 2100톤을 넘는다니 말이다. 당연히 이 거인 나무들은 나이가 3천 살을 넘길 수 있어서 동물들보다 훨씬 오래 살 수 있다.

여기에 균류까지 끼어들면 게임은 실로 흥미진진해질 것이다. 미국 오리건 주에서 2000년에 발견된 뽕나무버섯은 150톤 무게의 다 자란 대왕고래 암컷 (무려) 4마리와 같은 무게이다. 물론 무게로만 따지면 앞서 소개한 제너럴 서먼 트리가 두 배 더 무겁지만 버섯의 크기는 지상의 그 어떤 생명체보다도 월등히 크다. 그것이 차지한 면적이 약 880헥타르에 달하여 축구장 1200개보다도 넓다니 말이다.

유럽에서 제일 큰 것으로 추정되는 버섯은 오펜파스 근처의 스위스 국립공원에서 자라는데, 크기가 500×800 미터이다. 100살 정도 된 이 늙은 잣뽕나무버섯Armillaria ostoyae*은 미국 오리건 주의 그 유명한 버섯과 같은 속의 버섯이다.

그러니까 크기만 놓고 보면 균류가 넘버원이다. 하지만 우리가 볼 수 있는 것은 나무그루터기와 허약해진 나무줄기에 붙은 노란 모자뿐이다. 기껏해야 12센티미터 길이의 자루와 갓만 빼꼼 밖으로 나와 있다. 하지만 숲의 주인 입장에서 보면 이렇게 고개를 내민 녀석들은 곧 불행의 씨앗이다. 뽕나무버섯 속은 나무에 기생하기 때문에 나무를 죽음으로 몰고 갈 수도 있기 때문이다. 재밌게도 오리건 주의 뽕나무 버섯이 자라는 그 숲의 이름은 멀루어Malheur 국유림인데, 독일어로 Malheur(말호이어)는 불행이라는 뜻이다. 버섯은 나무가 죽은 후에도 죽은 나무의 유기물을 이용하며 몇 년 더 살 수 있다. 그러니 숲의 주인 입장에선 녀석들이 달갑지 않은 원수이다. 거대한 버섯은 땅을 최고 1미터까지 파고들 수 있다. 그렇게 녀석들은 천천히 숲 바닥을 헤집고 이 나무 저 나무를 먹어치우고 땅을 파고들어 흑갈색의 가는 실을 길이를 가늠할 수 없을 정도로 계속해서 자아낸다. 오리건 주의 그 유명한 거인 버섯은 나이가 무려 2400살 정도인 것으로 추정되고 있다.

*잣뽕나무버섯(Armillaria ostoyae) : 조개뽕나무버섯이라고도 부른다 - 옮긴이

유럽에서는 뽕나무버섯이나 잣뽕나무버섯이 가을철에 가장 흔한 버섯이다. 이것을 슬라브어를 사용하는 나라들에선 "바츨라프키"라고 부르고, 독일어를 사용하는 지역에선 벤첼버섯이라고 부른다. 이 녀석들이 9월 28일에 모습을 드러내는 일이 많은데, 그날이 체코의 수호성인인 벤첼(바츨라프)의 날이기 때문이다.

선사시대의 일화

균류는 지구 생명체의 가장 초기 단계에서부터 중요한 역할을 했다. 심지어 균류가 지구를 지배했던 시대가 있었다고 주장하는 학자들도 많다. 6500만 년 전 백악기 후기에 유성이 쏟아져 몇 달 동안 지구가 어둠으로 뒤덮였다. 그 결과 대부분의 식물과 동물 종은 물론이고 무엇보다 공룡이 멸종한 것으로 알려져 있다. 그러나 이 대참사가 벌어진 후 균류에게는 실로 낙원의 시대가 열렸다. "시신"이 산처럼 쌓였을 테니 유기물을 분해하는 균류에게 그보다 더 좋은 일은 없었을 것이다. 죽은 나무의 찌꺼기와 죽은 동물의 사체, 시든 식물의 잔재가 균류의 식당을 가득 채웠을 것이다. 백악기에서 제3기로 넘어가는 시기에 발생했던 백악기-제3기 대량멸절은 균류한테는 아마 역사상 가장 풍요로운 식탁이었을 것이다. 뉴질랜드에서 발견된 퇴적물이 당시의 상황을 잘 입증한다. 평소 같으면 퇴적물에서 대량으로 출몰했을 화분이 장기간 종적을 감추었다. 대신 균류의 포자와 균사로만 이루어진 4밀리미터 두께의 층이 발견되었다. 햇빛은 서서히 돌아왔고, 햇빛과 함께 사라졌던 식물과 동물들도 다시 지구로 돌아왔다.

원시시대의 거인. 조류일까? 지의류일까? 식물일까? 균류일까?

이런 극적인 사건이 있기 오래전에도 지구에는 생명체들이 살고 있었다. 지금껏 고생물학자들은 그 생명체의 정체를 파헤치기 위해 골머리를 앓고 있다. 시간여행을 떠나 4억 2천만년 전에서 3억 5천 만년 전까지의 데본기로 돌아간다면 우리는 아마 너무도 다른 지구의 모습에 깜짝 놀랄 것이다. 당시엔 다지류, 날개 없는 곤충, 벌레들이 지상으로 올라온 최초의 동물들이었고, 척추동물은 이제 곧 뭍으로 올라오기 위해 물속에서 진화의 꽃을 피우고 있었다. 데본기에 최초의 고등

식물들이 지상으로 올라왔고, 균류가 그들의 입성을 도왔다. 균류는 이미 육지에 터를 잡았을 뿐 아니라 놀랄 만한 크기를 자랑하고 있었기 때문이다.

프로토택사이트Prototaxites는 키가 최고 2~9미터에 달하고 줄기 지름이 최고 1미터에 이르러서 아직 키가 작았던 당시의 식물들 틈에서 하늘을 찌를 듯 높이 솟아올랐다. 현재의 지식으로는 그것이 당시 뭍에 사는 생물 중에서는 가장 키와 덩치가 컸다고 보고 있다.

그것의 화석이 조각으로만 남아 있어서 학자들의 연구를 더욱 어렵게 한다. 형태는 나무 그루터기와 비슷하고 프로토택사이트라는 학명은 실제로 주목Taxus하고 비슷하게 생겨서 얻은 이름이다. 학자들은 지금까지도 이 거인의 정체가 무엇인지를 두고 고민 중이다. 갈조류, 지의류, 식물이 이미 논의 대상에 올랐지만 2007년에 나온 최신 해석은 프로토택사이트를 균류로 분류한다.

균류가 이렇게 거대하게 자랄 수 있었던 것은 아마 당시에는 천적이 없었기 때문일 것이다. 덕분에 오랜 시간 무사태평하게 마음껏 자랄 수 있었던 것이다.

하지만 균류는 그리 편치 않은 환경에서도 놀랄 정도로 잘 지낸다. 생존기술의 최고봉은 크립토코쿠스 네오포르만스 Cryptococcus neoformans와 엑소피알라(왕기엘라) 데르마티티디스Wangiella dermatitidis이다. 녀석들은 흔히 말하는 "방사선을 먹는 균류"에 속한다. 다른 생명체를 죽이는 물질이 오히려 녀석들을 살찌울 수 있는 것이다.

뉴욕시 알버트 아인슈타인 의과대학의 아르투로 카사데발 Arturo Casadevall 교수는 체르노빌 원전 사고 이후 그곳에서 채취한 생물 샘플들을 살펴보았다. 그랬더니 고도의 피폭량에도 모든 생명체가 다 죽은 것은 아니었다. 다른 생명체를 거의 멸종시키다시피 한 엄청난 방사선 양에도 검은색의 균류 한 종이 잘 자라고 있었다. 심지어 녀석의 신진대사활동은 방사선이 있는 곳에서 더 활발했다. 실제로 멜라닌 색소를 함유한 균류는 방사선을 에너지원으로 활용할 수 있다. 멜라닌은 붉은색, 갈색 혹은 검은색의 색소로 인간과 동물의 피부, 털, 깃털, 눈의 색깔을 책임진다. 균류는 이 멜라닌을 극단적 환경 조건에 적응하는 수단으로 활용한다. 균류의 멜라닌이 방사선을 흡수하는 것이다.

방사선 농도가 높은 땅은 물론이고 남극과 북극의 동토에서도 멜라닌을 함유한 균사는 자주 눈에 띈다. 방사선의 에너지가 우리가 모를 방법으로 화학 에너지로 변신하여 결국 에너지가 풍부한 결합을 탄생시키는 것이다. 역시나 뉴욕 알버트 아인슈타인 의과대학에서 연구하는 에카테리나 다다초바 Ekaterina Dadachova는 멜라닌의 작용을 식물의 광합성에 비유한다. 멜라닌은 균류의 성장을 촉진하기 위해 전자기 스펙트럼의 다른 단면, 즉 이온화 방사선을 이용한다고 말이다. 하지만 이 분야의 연구는 아직 초기 단계이다. 균류와 멜라닌 색소는 당분간 균학의 수많은 수수께끼 중 하나로 남을 것이다. 하긴 그것이 아니더라도 균학의 수수께끼라면 넘치고도 남음이 있다.

사막의 균류

흔히 균류는 물이 넉넉해야 잘 자란다고 생각한다. 그래서 사막에는 균류가 살지 못할 것이라 예상하지만 균류는 그런 극단적인 생활환경에서도 숨은 생존 능력을 뽐내고 있다. 뜨거운 모래사막은 물론이고 남극과 북극의 동토에서도 균류는 혹독한 조건을 이기며 살아가고 있다. 이런 극한미생물extremophile은 소금 성분이 많거나 산성이거나 메탄을 함유하였거나 독성이 높거나 기타 어떻게든 "주거불능"인 곳에서 발견이 된다. 사실상 모든 환경에서 자라는 것이다. 말하자면 바로 이런 혹독한 환경에 특수화된 생명체인 것이다.

덕분에 재미난 현상들이 목도된다. 투르크메니스탄의 거의 전 국토를 뒤덮으며 연간 강수량이 평방킬로미터당 150ml를 넘지 않는 중앙아시아의 카라쿰 사막에 1976년 5월 단 몇 시간 동안 연간 강수량에 해당하는 비가 퍼부었다. 그 직후 사막에 버섯 철이 찾아왔다. 주로 그 지역에서 많이 나는 포닥시스 피스틸라리스Podaxis pistillaris였다. 이 버섯은 양송이의 친척으로 먹물버섯Coprinus comatus을 닮았다. 그리고 그 당시 양송이도 엄청난 숫자가 자랐는데, 그 크기가 실로 엄청나서 큰 것은 무게가 최고 0.5킬로그램에 달했다.

균류는 열을 좋아하지 않는다. 그래서 호열균Thermophile, 즉 최소 20도에서 최고 50도 이상의 온도에서 잘 자라는 종은 그리 많지가 않다.[3] 하지만 균류 중에도 열을 좋아하는 녀석들이 있어서 이름에서부터 그 특별한 재능을 예감할 수가 있다. 탈라로마이세스 써모필러스Talaromyces thermophilus,

써모아스쿠스 오란티쿠스Thermoascus auranticus, 채토뮴 써모피Chaetomium thermophie가 대표적인 균류이다. 그중에서도 최고 기록 보유자는 써모마이세스 라누기노서스Thermomyces lanuginosus로 무려 62도에서도 잘 자란다. 극한환경에 잘 적응하는 수많은 사막 식물들 역시 균류와 친구로 지낸다. 최고로 건조하고 뜨거운 시기에도 균류 친구가 있으면 없을 때보다 훨씬 잘 견딜 수 있기 때문이다. 옐로스톤 국립공원 같은 지열 토양에서도 균류는 살아서 많은 식물의 생존을 돕는다. 1999년에 학자들은 70도의 토양에서 16종의 균류를 채취하였는데, 녀석들은 55도 정도의 온도에서 성장하기 시작했다. 디찬텔리움 아누기노섬Dicanthelium lanuginosum라는 이름의 풀은 이런 환경에서 지온이 지속적으로 55도 이상일 때 잘 자란다. 녀석의 몸 안에 세포 내 공생체 균류가 살고 있어서 이런 능력을 발휘하는 것이다. 극단적인 생활환경에서도 원리는 동일하다. **함께 하면 우리는 더 강하다!**

우리 모두가 서식지?

균류는 어디에나 있다. 우리 주변 환경뿐 아니라 우리에게도 있다. 그럴 수밖에 없는 것이 우리가 숨을 들이쉬며 균류를 같이 들이키고, 음식을 먹으면서도 균류를 같이 먹기 때문이다. 그러니 어느 정도까지는 균류가 우리의 일부인 것이다. 물론 녀석이 주도권을 장악해서는 안 되지만 말이다. 현재의 지식수준에서 보면 평균 약 300억 개인 인간 체세포 각 1개당 1개의 "낯선" 유기체가 서식하고 있다. 그러니까 우리 역시 모든 고등 생명체가 그러하듯 일종의 동물, 식물, 균류의 낙원인 셈이다. <슈피겔>지에 실린 한 논문은 이렇게 적었다. **"우리의 구강에선 평화를 사랑하는 아메바 엔타메바 진기발리스**Entamoeba gingivalis**가 헤엄을 치고 얼굴 땀구멍에선 무탈한 모낭충이 번성한다. 거머리, 파리, 이, 모기, 균류, 원생동물, 바이러스, 빈대, 좀, 진드기 역시 두 다리로 걷는 인간 서식지에서 편안함을 느낀다."**

그게 전부가 아니다. **"약 2 평방미터의 피부에만도 지구에 사는 인간만큼 많은 숫자의 미생물이 살고 있다. 또 1그램의 장 내용물에 최고 10억 마리의 생명체가 살고 있으므로 인간의 대장은 지구를 통틀어 가장 인구밀도가 높은 지역에 속한다."**

우리 모두는 몇십억 마리의 생명체가 사는 서식지이다. 최선의 경우 그것들이 서로 화목하게 살아간다. 우리는 수많은 작은 생명체가 하나의 큰 생명체를 도와주기 때문에 살아갈 수 있는 슈퍼유기체와 같다. 그리고 그 모든 현장에서 균류는 결정적인 역할을 한다.[4] 균류가 없다면 다른 생명체들이 그 자리를 차지하고서 우리를 병들게 할 것이다. 인체의 각 부위는 다양한 생물과 균류가 살고 있는 서식지와 같다. 그리고 다들 짐작했듯 특히 발에 월등히 많은 종류의 균류가 살고 있다.

물론 균류가 항상 친절하게 우리를 돕기만 하는 것은 아니다. 때로는 인체 서식지 역시 균형을 잃기도 한다. 대장균, 질 균, 진균증, 진균독에 대해 관심을 갖는 사람들은 많지 않지만 전 세계적으로 연간 최고 150만 명이 균에 감염되어 목숨을 잃는다. 현재 알려진 진균증과 균질환은 200여 종에 달하지만[5], 불안하게도 균류에 대해 정말로 잘 아는 의사는 극소수에 불과하다. 그러나 **균류가 일으키는 질환, 균류의 대사물질이나 독소는 자연의 균형이 깨질 때에만 생겨난다. 이것이 인간뿐 아니라 자연 그 자체에도 해당되는 사실임은 균질환과 만성피로 자조모임이 확인해주고 있다.**

대사물질이 축복이 될 때

균류는 어디에나 있으므로 올바르게 사용할 경우 우리가 미처 예상치 못한 분야에서도 매우 유익한 효과를 거둘 수 있다. 가령 균류의 효소는 선글라스, 직물, 화장품, 세제 등 수많은 산업분야에서 이미 적극 활용되고 있다. 세제의 품질은 낮은 온도에서도 때를 뺄 수 있는 뛰어난 세척력에 달려 있다. 이 목적을 달성하기 위해 업체들은 때를 잘 제거하는 균류와 균류의 효소를 이용한다.

기름때가 짜증 나는가? 그럴 땐 자낭균 문의 푸자리움Fusarium을 사용하면 된다. 녀석은 곡물이나 식품 같은 식물의 조직에서 성장하면서 숙주를 죽인다. 세제 생산업체의 용광로에서는 녀석들이 지방분해효소인 라파아제의 생산을 담당한다. 이때 누룩곰팡이 속Aspergillus의 균류들이 도움을 준다. 누룩곰팡이 속은 전 세계에 널리 퍼진 350종이 넘는 곰팡이균 속의 하나이다. 곰팡이균은 주로 죽어서 분해되고 있는 유기물에서 살면서 지구 생태계의 물질순환에 큰 도움을 준다.

트리코더마Trichoderma 종은 전 세계의 토양, 식물, 썩어가는 식물 찌꺼기, 나무에서 잘 자라는 균류이다. 녀석은 뿌리

부위의 토양에서 매우 중요한 임무를 맡는다. 다름 아닌 식물과 다른 미생물, 토양의 상호작용을 돕는 임무이다. 이 녀석들한테서 세제를 만드는 셀룰라아제를 얻는다. 셀룰라아제는 셀룰로스를 분해하는 효소이다. 이렇게 세척작용을 하는 균류의 이야기를 늘어놓기 시작하면 아마 책 한 권은 거뜬히 쓰고도 남을 것이다. 때의 종류마다 각기 다른 담당 효소가 있으니까 말이다. 한 마디로 균류가 없다면 깨끗한 빨래는 물 건너간다는 소리다.

생명을 구하는 곰팡이균

균류의 활약은 빨래로 그치지 않는다. 의학 분야에서도 균류는 생명을 구하는 영웅이다. 1928년 9월 28일 스코틀랜드 박테리아학자 알렉산더 플레밍Alexander Fleming은 실수로 자신의 포도상구균 배양 접시에 들어간 페니실리움 속의 곰팡이균이 균을 죽이는 효과를 발휘한다는 사실을 확인하였다. 이 발견은 의학사에서 가장 혁명적인 발전의 시작이었다. 얼마 후 최초의 항생제 페니실린이 세상에 나왔다. 그리고 페니실린과 이후의 다른 항생제는 수 억 명의 목숨을 구하였다.

하지만 이제는 오히려 이 항생제가 우리를 위협하고 있다. 특히 가축을 대량 사육하기 위해 항생제를 너무 널리 과도하게 사용하다 보니 많은 양의 항생제 찌꺼기가 남아 하수로 흘러든다. 항생제가 우리 몸이나 가축의 몸에서 미처 다 분해되지 못하기 때문이다. 하수로 흘러든 항생제는 바다로 흘러가고 거기서 물고기와 다른 생명체의 몸으로 들어간다. 박테리아는 이런 새로운 위험에 대처하기 위해 저항력을 키운다. 원래 박테리아는 극단적인 환경에 적응하고 자신을 방어하기 위해 이런 능력을 발휘한다.

가령 땅에 사는 박테리아 스트렙토마이세스Streptomyces는 그래서 주변 환경의 수많은 독성물질에만 저항력을 갖춘 것이 아니라 그 사이 현재 사용 중인 모든 항생 물질에도 저항력을 얻게 되었다. 녀석은 보통 자신이 만들어내는 물질에도 저항력을 발휘한다. 그게 과연 무슨 의미일까? 현재 유럽에서 연간 25,000명 정도가 항생제가 듣지 않아서 사망한다. 다른 자료를 보면 2005년에 이미 약 3백만 명의 유럽인이 기존의 항생제에 저항력을 갖춘 박테리아에 감염이 되었고 그중 5만 명이 목숨을 잃었다. 노벨상 수상자 플레밍이 발견한 기적의 약품이 자신을 발견한 인간에게 저항하고 있다. 80년 전 인간이 시작한 생물학 전쟁에서 이제 박테리아들이 스스로를 방어할 수 있게 된 것이다. 따라서 이미 정복했다고 믿었던 사소한 질병들이 다시 치명적인 결과를 초래할 수 있게 되었다. 의학이 거의 100년 전으로 다시 후퇴할 수도 있는 상황인 것이다.

이번에도 우리를 도와줄 원군은 균류일까?[6] 그럴 수도 있을 것이다. 균류에 숨어 있는 작용물질의 숫자는 헤아릴 수 없을 정도이기 때문이다. 한 종의 균류에만 1000가지 물질이 들어 있는데 우리가 이미 아는 균류의 종류만 해도 150만 종에 달하니 말이다.

균류가 "의학의 기적"을 일으킬 수 있을지, 왜 유럽 연합에선 더 이상 균류를 약품으로 허용하지 않는지, 이에 대해서는 나중에 별도로 한 장을 마련하여 자세히 알아보기로 한다.

프랑켄슈타인 균류. 기생 균류는 어떻게 곤충을 좀비로 만드나

이제부터는 열대 우림에서 벌어지는 공포 이야기 한 편을 들려줄까 한다. 균류가 항상 친구처럼 다정하지는 않다는 사실을 실감할 수 있을 이야기이다. 왕개미Camponotus 속의 왕개미 한 마리가 먹이를 찾아 열대우림의 땅을 기어가고 있다.

그러다 나뭇잎 아래에서 잠시 지친 다리를 쉰다. 아마 공포 영화라면 이 지점에서 카메라가 천천히 위로 올라갈 것이다. 나뭇잎의 밑면에 우리 왕개미의 언니의 으깨진 껍질이 대롱대롱 매달려 있을 것이기 때문이다. 언니는 며칠 전 똑같이 먹이를 찾으러 바로 이곳을 지나갔다.

이번에는 우리의 주인공 왕개미가 먹잇감이 될 차례이다. 나뭇잎 아래에서 쉬던 우리 주인공이 실동충하초 Ophiocordyceps 속의 균류가 만든 눈에 보이지 않을 만큼 작은 포자에 자신도 모르는 사이 감염이 되었기 때문이다. 이제 이틀 후면 녀석은 숲의 수관에 자리 잡은 자신의 집단거주지를 떠날 수밖에 없다. 근육은 이미 힘을 잃었고 몸에선 경련이 일어나기 때문에 더 이상 거주지가 있는 나무 위로 올라갈 수 없기 때문이다. 균류는 왕개미의 두뇌를 조종하여 녀석이 작은 식물을 타고 기어오르게 만든다. 왕개미는 약 25센티미터 높이로 올라가 식물의 잎맥을 꽉 깨문다. 그곳의 조건이 "강도 균류"에겐 최적이기 때문이다. 균류는 왕개미에게 독을 주입하고, 대부분의 왕개미는 6시간 후에 죽는다. 20~30도의 기온과 95%의 습도라면 이제 죽은 왕개미의 발에서 균류의 균사가 자라날 것이다. 그래야 사체가 식물에서 떨어지지 않을 테니 말이다. 반대편 죽은 개미의 머리에선 갓을 매단 긴 자루가 솟아난다. 균류는 1주일 동안 왕개미의 내장기관을 먹고, 더불어 개미의 껍질을 방패로 삼는다. 그러고 나면 새로 만들어진 갓이 다시 먹이를 찾아다니는 왕개미에게 새 포자를 뿌릴 것이고, 그 포자에 감염된 왕개미는 언니처럼 균류에게 조종당하는 좀비가 되고 말 것이다.

인간과 더불어 사는 강도 균류

하지만 강도 균류가 하는 짓을 지켜보자고 굳이 열대우림까지 가야 할 필요는 없다. 우리 근처에서도 강도 균류들이 공포 영화에나 나올 법한 사냥기술과 포획기술을 써먹고 있으니 말이다. 균류 폴리파구스 유글레나Polyphagus euglenae는 연두벌레를 덮쳐서 녀석을 빨아먹는다. 또 다른 균류는 수면에서 미세한 긴 균사를 이용해 다른 단세포 생물을 포획한다. 물속이건 땅속이건 균사체가 분비한 끈적거리는 물질에 선충, 아메바 같은 작은 생물들이 달라붙는다. 무시무시하게 올가미를 사용하는 녀석들도 있다. 주파거스 텐타큘럼Zoophagus tentaclum은 균사로 작은 올가미를 만들어 선충을 휘감는다. 촉자극을 통해 무언가가 닿는 느낌이 들면 녀석은 올가미를 조여 포획물이 빠져나가지 못 하게 한다. 그런 다음 서서히 포획물속으로 들어가서 효소를 이용해 그것을 분해한다.

이런 균류의 기괴한 식생 방식은 역사를 자랑하는 오랜 발명품이다. 선사시대의 미니 드라마를 박제한 호박 발굴물이 나왔기 때문이다. 1억만 년 전에 선충을 잡아먹던 그 균류는 그만 호박에 갇히는 바람에 오도 가도 못하고 지금껏 그곳에 잡혀 있다.

가을이면 지천에 널려 도심에서 가장 흔히 볼 수 있는 균류인 먹물버섯 역시 (술과 같이 먹으면 독성 효과를 발휘한다는 사실을 빼고서라도) 그런 음흉한 녀석들 중 하나이다. 원래 녀석은 죽은 유기물을 먹고사는데, 단골식당 메뉴판에 살아 있는 선충도 추가시켰다. 녀석은 땅속에 가시가 달린 원형의 작은 구조물을 만드는데 거기서 나오는 독성 분비물이 선충을 꼼짝 못하게 만든다. 먹물버섯은 그렇게 잡은 선충을 며칠에 걸쳐 소화시킨다.

균류도 식물과 크게 다르지 않다. 동물을 잡아먹는 식물종은 질소가 부족한 땅에서 사는 경우가 많다. 동물을 먹어서 부족한 질소함량을 보충하려는 것이다. 학자들이 이미 확인한 육식 균류는 160종이 넘지만, 분명 아직까지 발견되지 않은 종도 많을 것이다.

천재적인 교통계획 수립자 :
(점)균류가 철도교통에 기여한 공로

도로, 철로, 수로망이 그려진 지도를 보노라면 처음엔 정말 정신이 없다. 하지만 찬찬히 살펴보면 차츰 그 혼돈 너머로 논리가 모습을 드러낼 것이다. 보통은 두 장소를 잇는 가장 빠른 길을 찾는 것이 관건이다. 하지만 그 지역의 지형학적 사정과 기타 여러 요인들도 함께 고려해야 할 것이고, 그에 더해 도로망에 영향을 미쳤던 역사적 요인들도 참조해야 한다. 하지만 그렇게 찾은 해답이 항상 최선인 것은 아니다. 바로 이럴 때 (이제는 분류학적으로 균류에 포함시키지 않지만) 점균류가 기간시설 설계 전문가의 면모를 뽐내며 인간을 도울 수 있다.

배양접시 지형모델을 활용하면 최적의 도로망을 찾을 수 있기 때문이다. 중요한 도시나 주요 지점에 균류를 접종한 작은 나무토막을 세우고 적절한 기후조건을 조성한 후 느긋하게 의자에 기대 기다리기만 하면 된다. 균류가 알아서 사방으로 균사를 뻗어 시험을 해보고, 마땅치 않으면 다시 균사를 거두어들여 새 길을 찾는다. 균사에겐 수 억만 년의 경험이 있다. 기껏해야 100년 혹은 150년의 경험밖에 없는 인간 철도망

기술자들에 비한다면 엄청난 경험치이다. 그러기에 점균류는 그 임무를 불과 48시간 안에 해치워버렸다.

그중에서도 황색망사점균Physarum polycephalum이 특히 뛰어난 능력을 발휘한다. 배양이 쉬운 이 큰 세포 점균류는 세포의 기동성, 성장, 분화 연구에 자주 동원된다. 이 종 중에서도 가장 유명한 녀석은 세계를 통틀어 가장 큰 단세포 생물이기도 하다. 1987년 독일 도시 본에서 학자들이 배양한 녀석은 크기가 무려 $5.54m^3$에 달했기 때문이다. 황색망사점균이 두 지점 간 최단 거리를 찾을 수 있고, 중복과 효율의 균형을 가장 잘 잡을 수 있다는 사실은 이미 20세기말에 입증된 사실이다. 심지어 일본 대학과 영국 대학의 학자들은 이 점균류가 조종하는 다리 6개의 로봇을 개발하기도 했다.

영국 학자들이 점균류를 이용해 영국 철도망을 시뮬레이션하였는데 그 과정에서 놀라운 사실을 발견하였다. 녀석들이 인간 기술자들과 동일한 결정을 자주 내렸던 것이다. 점균류는 두 지점 간 최단 거리의 길을 택하지만 현명하게도 주요 선로를 잇는 연결 선로를 추가로 만들었다. 그럼 주요 선로가 끊어져도 교통 혼란이 초래되지 않는다. 그러니까 점균류는 철도망을 어느 정도 중복해야 위기 상황이 발생해도 원활한 교통 흐름이 유지될 수 있는지를 이미 간파하고 있었던 것이다.

바이오레메디에이션(bioremediation). 균류가 오염된 땅을 되돌린다

균류는 도로망 전문가를 넘어 리사이클링 전문가로도 활약을 펼치고 있다. 공장이나 주유소가 있던 자리엔 수십 년이 흘러도 꽃이 피지 않는다. 그건 전문가가 아니라도 짐작할 수 있는 사실이다. 원유가 유출되었을 때보다 더한 독성물질들이 그곳 땅에 고이기 때문이다. PAH(다환 방향족탄화수소 Polycyclic Aromatic Hydrocarbon) 같은 고독성 석유유도체도 그런 독성물질 중 하나이다.

바로 이때 우리의 친구 균류가 구원투수로 등원한다. 나무톱밥에 정성껏 선별한 균류를 섞고 그것을 문제의 장소에 대량으로 뿌린다. 균류는 균사를 쭉쭉 뻗어 오염된 토양으로 깊숙이 침투하고 혼합된 톱밥 이외에도 복합 탄화수소를 갉아먹는다. 1년이 지나면 그 토양에는 이미 지렁이가 우글거리고 풀이 고개를 내민다. 곧 꽃들도 돌아올 것이다. 이런 현상을 불러오는 주문은 바로 바이오레메디에이션, 즉 **생물학적 환경정화기술**이다. 이 단어는 "치료제"라는 뜻의 "레메디움"에서 나왔으며, 살아 있는 유기체를 투입하여 오염된 생태계를 생물학적으로 정화한다는 뜻이다. 폴란드에서도 산업 요지였던 남동부의 토양이 심각하게 오염되자 이 방식을 이용해 정화에 성공하였다. 아연, 납, 카드뮴, 수은이 뿜어내는 아우라로 인해 그곳의 대지엔 죽음의 숨결만이 떠돌았다. 풀도 제대로 자라지 못했다. 그런데 풀에 수지상균근arbuscular mycorrhiza을 공급하자 그런 금속물질들이 사라졌다. 풀이 땅 밑의 균사를 이용해 땅에 묻힌 금속을 빨아들인 후 수지상균근이 사는 뿌리 조직에 그 금속들을 저장하였던 것이다. 그렇게 독성물질이 안전하게 보관되자 땅 위로 나온 풀은 안전하게 자랄 수 있었다.

균류는 쓰레기 처리의 달인이어서 먹지 못하는 것이 거의 없다. 심지어 등유 같은 극단적인 물질도 먹어치울 수 있기 때문에 비행기 연료 필터를 막아버리기도 한다. 미 공군 제트기에서 23종의 균류가 발견되었는데, 그것들이 등유관과 필터에서 아주 신나게 자랐다고 한다.

그러니 절대 균류를 얕잡아보아서는 안 된다. 균류는 나무, 가죽, 직물, 종이, 생필품 등 온갖 물질을 분해하여 막대한 손실을 끼칠 수 있다. 또 질병과 알레르기를 유발하여 식물과 동물, 사람(과 다른 균류)을 위험에 빠뜨린다. 균류는 독성물질을 생산하며 특정 종류의 암을 일으키고 수백만 명의 사람을 죽이며 대부분의 식물 질병을 유발하여 전 세계적으로 막대한 수확량 감소를 몰고 온다.

하지만 그 못지않게 지금의 아름다운 세상과 자연을 만든 주인공 역시 균류이다. 녀석들은 세상 단 하나밖에 없는 지금의 생태계를 만들고, 나아가 인간이 저지른 생태계 오염을 다시 회복시킬 수도 있다. 그렇게 본다면 균류와 인간은 참 잘 맞는 짝꿍인 것이다.

그렇다면 과연 인간은 언제부터 균류와 관계를 맺었을까? 이제부터 그 질문의 답을 찾아가 보기로 한다.

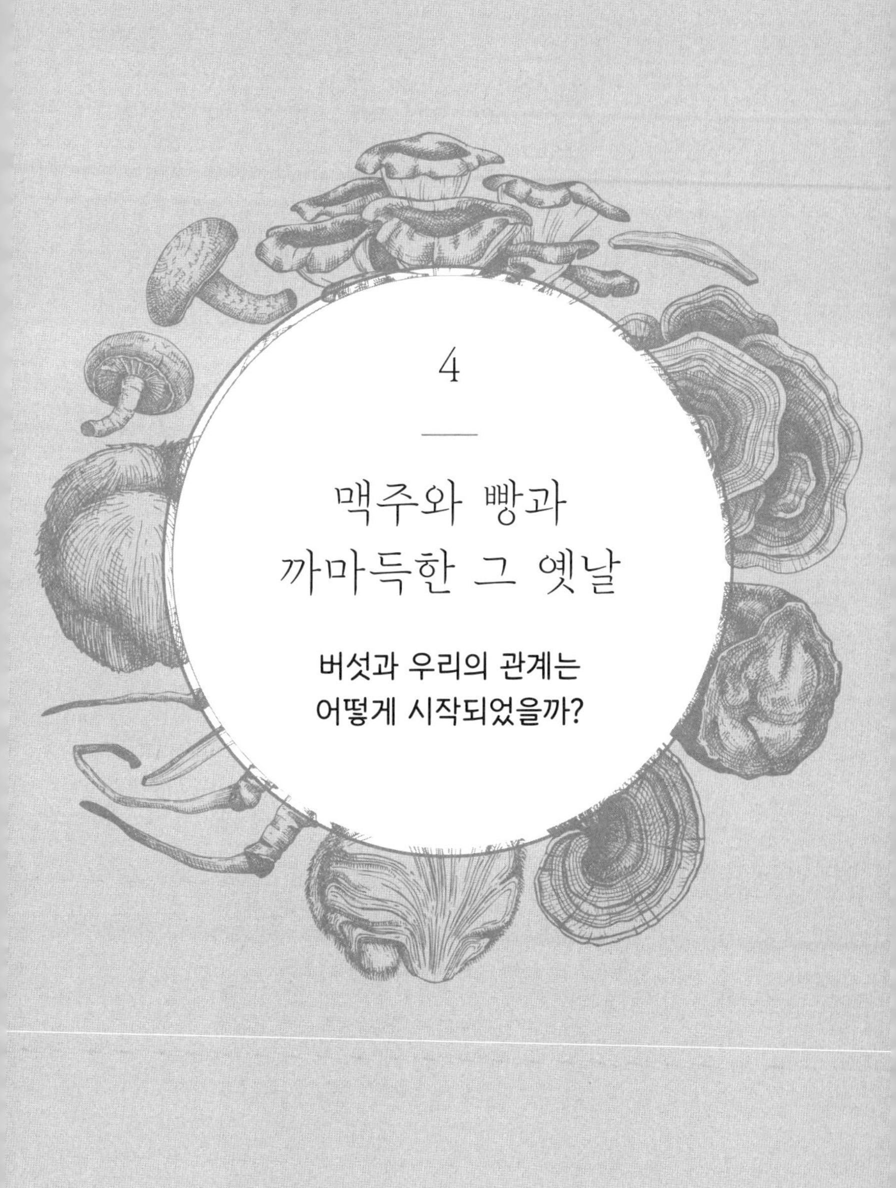

4

맥주와 빵과 까마득한 그 옛날

버섯과 우리의 관계는 어떻게 시작되었을까?

……

사랑은 인간의 심장을 버섯농장으로 만든다.

신비하고 뻔뻔한 버섯들이 자라는

풍성하고 파렴치한 농장으로.

크누트 함순

모든 관계엔 역사가 있다. 언젠가 어떤 방식으로 시작되었을 것이기 때문이다. 그러나 그 시작이 까마득한 옛날이라면 우리의 상상도 구체적이지 못할 것이다. 균류와 우리 인간의 관계도 그러하다.

균류와의 관계는 수억 만 년 전, 최초의 호미니드가 살았던 시절에 이미 시작되었다. 최초의 인간종이 "슬기로운 사람"(호모 사피엔스)이라고 뻐기는 지금의 인간이 되기까지, 그 기나긴 진화의 모든 단계마다 우리 조상들은 균류를 그냥 쳐다보기만 했던 것이 아니다. 인류는 균류 역시 식물과 동물 못지않게 유용성에 따라 평가하였다.

원숭이가 균류를 먹는 이유

생물학자들은 자연에서 약재를 구하여 스스로 병을 치료하는 영장류들을 세계 곳곳에서 발견한다. 영장류 중에서도 우리와 가장 가까워서 "불과" 6백만 년 전에 다른 진화의 길을 택했던 침팬지는 특히 자연의 약재를 좋아해서 약초와 버섯을 이용해 병을 치료한다. 또 서로 의학 지식을 나누기도 하고 선배 침팬지한테서 경험을 물려받기도 한다. 그래서 집단이 다르면 사용하는 약재도 다르다고 한다.

그사이 알려진 바로, 버섯을 섭취하는 영장류는 20종이 넘는다. 그러나 "균식성fungivory" 혹은 "곰팡이 먹기mycophagy"라 부르는 이런 행동은 우리 인간도 그러하듯 기회주의적이다. 다시 말해 버섯이 자라면 그때 먹는다. 그래서 거의 버섯만 먹고사는 영장류는 매우 희귀하지만, 그래도 아주 없지는 않다. 가령 중국 토착종인 검은 들창코원숭이Rhinopithecus bieti는 식사 시간의 95%를 버섯만 먹는다. 이 원숭이 종은 3000~4500미터 고원지대에서 산다. 그곳에는 대부분이 균류인 극한환경 지의류만 살기 때문에 달리 먹을 것이 없다.

말굽버섯을 반창고와 라이터로

지금의 영장류가 균류를 먹듯 우리 인간 역시 지금의 인간이 되기까지 균류와 함께 하였다. 그렇다 보니 시간이 갈수록 버섯에 대한 지식도 늘어났을 것이다. 어떤 녀석을 먹으면 죽을 수도 있고 어떤 녀석을 먹으면 병이 낫기도 한다는 사실을 경험으로 배웠을 테니 말이다. 당연히 이런저런 호미니드 집단에서 "석기시대의 파라셀수스"가 나왔을 것이고 섭취량이 효능을 좌우한다는 사실을 경험으로 채득했을 것이다. 섭취양이 독성을 일으키는 것이다. 물론 시간이 흐르는 동안 힘겹게 얻은 지식이 다시 실종되기도 했을 것이고, 이후 다시 새롭게 지식을 얻기도 했을 것이다. 말굽버섯의 지혈 효과를 인류가 처음 알게 된 때가 언제인지는 아무도 알 수 없다. 하지만 말굽버섯의 87%가 경제적으로도 유익한 베타 1.3/1.6 D-글루칸-멜라닌-키틴-복합체란 사실을 알기까지는 1억 년이 더 걸렸다. 말굽버섯으로 불을 피우는 방법을 알기까지도 아마 그 비슷한 시간이 걸렸을 것이다.

환각버섯은 원시시대에 발견되었다

버섯을 자꾸 먹다 보니 어느 순간 이상한 욕구가 솟구쳤다. 동물들은 느끼지 못하는 욕구였다. 바로 실존적 질문의 대답을 찾고자 하는 욕구였다. "우리는 어디서 왔는가?" "우리는 어디로 가는가?" "어떻게 해야 죽음의 공포를 잊을 수 있을까?" 인간은 자신에 대해 고민하고 삶의 의미를 물을 수 있는 존재이므로 종교와 영성이 발전하기 시작했다.

이런 발전의 부수현상으로 영적 전문가 집단, 즉 샤먼이 생겨났다. 이들은 균류를 이용하여 무아경에 드는 법을 배웠다.

석기시대의 바위그림이나 동굴벽화를 보면 그 시대 사람들이 자신들의 종교관을 그림으로도 표현하였다는 사실을 알 수 있다. 러시아 북동쪽 끝 추코트카의 바위그림 역시 이런 가장 오래된 문명의 증거이다. 툰드라로 뒤덮여 1년 내내 거친 폭풍이 몰아치는 그곳 동굴들에서 벽화가 발견되었다. 그런데 사람을 닮은 형상 위쪽에 도식화된 버섯이 그려져 있었다. 그 그림이 언제 탄생된 것이며 과연 무슨 의미를 담고 있는지 정확히 알기 힘들다. 하지만 많은 민속학자들은 그것이 이 지역에 뿌리를 둔 광대버섯 숭배의 증거라고 보고 있다.

알제리 동남쪽, 사하라 사막의 중앙 지역에서 발견된 비슷한 바위그림들은 이보다 더 오래 전의 작품일지도 모른다. 산악지역인 타실리나제르는 상대적으로 서늘하고 비가 많았던 약 6,000년 전의 다른 유적지들도 많지만 무엇보다 선사시대의 동굴벽화들로 유명한 곳이다. 그림에는 코끼리와 기린, 악어 이외에도 인간의 몸과 뒤엉킨 각종 버섯의 모티브들이 발견되었는데, 인간은 손발도 버섯이고 머리에서도 버섯이 자라고 있다. 아마 버섯을 환각용으로 사용한 것과 관련이 있을 것이다.

광대버섯에 취해서

환각작용과 중독 작용을 하는 광대버섯의 내용물은 이보텐산, 무시몰muscimol, 무스카존muscazone이다. 광대버섯을 먹고 죽었다는 기록은 없지만 이것을 먹고 나서 속이 메스껍거나 구토를 하거나 심장이 두근거릴 수가 있다. 이보텐산은 동물실험 결과 강력한 신경 독으로 밝혀졌지만 공기 중에 건조시키면 독성이 적은 유도체로 분해된다. 하지만 늙은 샤먼을 흉내 내는 건 그다지 현명한 짓이 아니다. 버섯에 따라, 장소에 따라 작용물질의 농도가 달라지기 때문이다.

여러 자료를 보면 같은 버섯이라도 중독제와 환각제의 함량이 최고 100배, 심지어 500배까지 차이가 난다. 그러니 시베리아 원주민이 먹은 광대버섯은 중부유럽에서 자라는 광대버섯과는 그 3가지 작용물질의 비율이 달랐을 것이다. 아마 시베리아의 버섯의 경우 중독 작용보다는 환각작용이 더 뛰어났던 것 같고, 그렇게 본다면 시베리아의 샤먼은 참 운이 좋았던 것이다.

광대버섯에 얽힌 밥맛 떨어지는 이야기 역시 시베리아에서 전해진 것이다. 인터넷 사이트 드로겐 위키아Drogen Wikia에 실린 내용은 다음과 같다. "**무시몰은 거의 온전히 몸 밖으로**

배출되기 때문에 광대버섯을 먹은 사람이나 동물의 오줌은 마약으로 이용할 수가 있다. 광대버섯을 이런 식으로 마시면 이보텐산, 무스카존, 무스카린 같은 독성물질이 분해되고 환각작용을 하는 무시몰만 남기 때문에 오히려 그냥 먹을 때보다 더 유리하다." 그러니까 무아경에 빠진 샤먼의 오줌을 마시는 것이 가장 안전하게 환각에 빠지는 방법일 것이다. 하지만 정작 샤먼은 광대버섯을 먹은 사슴의 오줌을 마셨다고 한다. 앞서 언급한 인터넷사이트는 그것이 "적응이 필요한" 일이라고 적고 있다.

놀라운 음료

시베리아 샤먼의 이런 특별한 광대버섯 섭취법이 유럽에 널리 알려진 것은 18세기가 되어서였다. 그에 관한 최초의 보도는 1730년에 나온 스웨덴 장교 필립 요한 폰 슈트랄렌베르크Philip Johan von Strahlenberg의 책에 실렸다. 그는 캄차카 반도에 전쟁 포로로 잡혀 있었는데, 그동안 겪었던 그곳 원주민들의 실상을 그 책에 담았다.

"그들과 교역을 하는 러시아 사람들이 다른 물건들과 함께 러시아에서 자라는 버섯 한 종을 가져온다. 그리고 러시아 광대버섯이라는 이름의 그 버섯을 다람쥐, 여우, 족제비, 검은담비 등과 바꾸어 간다. 부자들이 월동을 위해 이 버섯을 상당량 쟁여두기 때문이다. 그렇게 버섯을 고이 모셔두었다가 잔치를 하거나 모여 식사를 할 때면 이 버섯을 물에 불렸다가 끓여 그 물을 들이켠다. 부잣집 주변으로 가난한 사람들이 사는 오두막들이 모여 있는데, 돈이 없어 버섯을 살 수 없는 그곳 사람들은 부잣집에 온 손님 중 한 사람이 밖으로 나와 오줌을 눌 때까지 기다렸다가 나무 사발에 오줌을 받아서 그것을 마신다. 오줌에 아직 버섯의 양분이 남아 있으므로 그 영양이 풍부한 물을 헛되이 땅에 버리고 싶지 않은 것이다."

이렇듯 우리 조상들은 의식을 확장하는 버섯의 효능을 일찍부터 알고 있었다. 마법의 버섯은 히피 세대의 발명품이 아닌 것이다. 그 옛날 샤먼들은 버섯을 이용해 죽은 자들과 이야기를 나누고 병자의 운명을 점쳤다. 어쩌면 버섯이 키운 예지력이 너무도 대단해서 도둑맞은 가축이 어디 있는지, 배우자가 바람을 피우는지도 척척 알아맞혔을 것이다.

향정신성 버섯, 소통의 마법

2000년에 타계한 다재다능한 미국 학자 테렌스 맥케나 Trence Mckenna 역시 샤머니즘과 버섯의 문제를 집중 조명하였다. 언어학자, 철학자, 수학자, 역사학자였던 그는 생물학자, 심리학자, 의식연구가로도 활동했다. 나아가 각 문화권이 다양한 약리작용물질을 어떻게 활용하였는지를 연구하는 민족약학ethnopharmacology의 개척자 중 한 사람이기도 하다. 특히 그는 향정신성 버섯과 그것이 샤머니즘에서 맡은 역할에 특별한 흥미를 느꼈다. 그러니 버섯 전문가라면 그가 다른 무엇보다도 광대버섯과 프실로키베 쿠벤시스Psilocybe cubensis 같은 다양한 종의 환각버섯에 큰 관심을 보였을 것이라는 사실을 진즉에 예상할 수 있을 것이다.

맥케나의 이론은 대담했다. 아프리카에서 인간이 진화한 것이 환각버섯의 섭취와 연관이 있다고 주장했으니 말이다. 당연히 다른 학자들은 그의 이론 대부분을 억측이라고 여겨 진지하게 생각하지 않았다. 그럼에도 "황홀경에 빠진 원숭이"에 관한 맥케나의 여러 이론들이 틀리지 않았다는 사실은 그 누구도 부인할 수가 없다. 그의 주장이 여러 지점에서 이미 널리 인정받은 가설들과 부합하기 때문이다. 그에 따르면 아프리카 북부와 동부의 정글이 줄어들면서 넓은 스텝과 사바나가 그 자리를 메웠고, 그곳에서 덩치 큰 동물들이 떼를 지어 돌아다니며 풀을 뜯었다. 당연히 우리 조상들도 이 동물의 무리를 쫓아다녔을 것이다. 그런데 동물을 쫓아다니다 보면 동물의 똥을 밟게 될 것이다. 이 똥 무더기에서 자주 특정 환각버섯이 발견되었다. 맥케니가 그의 책에서 "신들의 음식"이라 불렀던 바로 그 버섯들 말이다. 인간이 버섯을 먹었다는 실질적 증거는 2만 년 전의 것밖에는 없다. 하지만 맥케니를 옹호하는 입장에서는 이런 질문을 던져볼 수 있을 것이다. 왜 이 시대 이 전에는 인간이 버섯을 먹지 말아야 한단 말인가? 인간과 버섯의 관계에서도 동형성 원칙이 통할 수 있다. 동형성 원칙이란 현재 관찰되는 지질학적 상황이 과거에도 통했다는 뜻이다. 그러니까 현재의 진행과정을 보고서 과거의 형성과정을 역 추론할 수 있는 것이다.

어머니 대지가 주신 것

따라서 인류는 전 세계에서 원시시대부터 이런저런 형태의 버섯을 이용했다고 가정할 수 있을 것이다. 특정 계절에 환경조건이 맞으면 버섯의 갓이 대량으로 고개를 내밀기 때문에 지성이 있는 생명체라면 도저히 못 보고 지나칠 수가 없었을 것이다. 우리 조상은 오래전부터 지성을 뽐내었다. 2015년에 입증되었듯, 아프리카에서는 이미 330만 년 전부터 원시인들이 석기를 제작했다. 지금까지 생각했던 것보다 70만 년이나 더 앞선 시점이다. 그러니 자연과 하나가 되어 살았고 자연이 제공한 모든 것에 의지하였던 이 호미니드가 주변에서 흔히 볼 수 있는 버섯에 관심을 보이지 않았고 그것의 활용가치를 검증해보지 않았다는 것은 있을 수가 없는 일이다.

물론 시간이 흐르면서 버섯을 바라보는 입장도 상당히 엇갈렸을 것이다. 버섯은 유용한 물건인 동시에 신비의 힘을 품은 생명체, 계속되는 혁신과 영원한 성장의 상징이 되었다. 버섯은 어둠의 존재처럼 한참 동안 전혀 안 보이다가 어느 날 갑자기 떼를 지어 우르르 나타난다. 이런 어둠의 존재를 어찌 두려워하지 않을 것인가! 내세의 세력들이 어머니 대지와 손을 잡고 만든 합작품일 것이라 믿었을 것이다.

석기시대 인간은 버섯을 잘 다루었다

지금으로부터 약 2만 년 전 우리 인간에게는 놀라운 일이 일어났다. 스페인 칸타브리아의 엘미론 동굴에서 모닥불을 피워놓고 한 무리의 석기시대 인간들이 둘러앉아 있었다. 모두들 기분 좋게 쩝쩝대며 식사를 하고 있었다. 동굴 벽으로 모닥불의 그림자가 어른거렸다.

"달군 돌에 멧돼지 기름을 두르고 버섯을 구우니까 진짜 맛있네." 족장이 흡족한 표정으로 중얼거렸다. "지난주에 내내 비가 왔잖아. 9월 말인데 평소보다 따듯하기도 하고…… 그러니 이제 마구마구 나오는 거지."

그는 부상을 당한 후 다리가 굽어서 키가 작았다. 그래서 사냥에 낄 수가 없었다. 대신 그는 숲에 사는 모든 버섯과 식물에 훤했다.

한 동안 열심히 먹는 소리만 들렸다. 아기들까지 물고 있던 엄마 젖을 놓고, 잘 구워진 그물버섯이 향긋한 냄새를 풍기는 바구니 쪽으로 손을 뻗었다.

"해가 지기 전에 동굴 앞 화덕에서 만납시다. 위대한 정령께서 우리에게 말씀하실 겁니다…… 흠, 흠…… 빨간 모자를 쓴 정령의 사자들이 계실 것이고……" 입에 가득 음식을 물고서 굽은 다리가 중얼거렸지만 아무도 그의 말을 듣지 않았다. 이미 오래전부터 그들은 버섯을 기다리고 있었다. 여름이 엄청 더웠고 비가 오지 않아서 버섯이 꽁꽁 숨어 있었다. 하지만 이제 온 숲이 버섯으로 가득했다. 동굴에서 몇 걸음만 나가도 버섯이 수두룩한 것이……

석기시대 동화는 이쯤에서 그치기로 하자. 어쩌면 동화가 아닐지도 모른다. 칸타브리아의 엘미론 동굴에서 진짜로 그 비슷한 일이 일어났을지 모르니까 말이다. 학자들이 그 동굴에서 발견한 이빨 달린 유골들은 흥미진진한 버섯의 이야기를 들려주고 있다. 유골은 막달레니아기, 다시 말해 기원전 18,000년에서 12,000년까지의 석기시대에 살았던 인간의 것이다. 라이프치히에 있는 막스플랑크 진화인류학 연구소의 로버트 파워Robert Power가 그 유골을 조사하였다. 유골의 이빨에 남은 퇴적물이 그 시대 인간의 식습관에 대해 많은 것을 알려줄 테니 말이다.

18,000년 전에 살았던 석기시대 인간들은 실로 다양한 음식을 먹었다. 그중에는 다양한 식물은 물론이고 버섯도 빠지지 않았다. 당시 사람들도 무엇이 몸에 좋은지 정확히 알았다. 고성능 현미경으로 발견한 흔적과 포자는 그물버섯Boletus 속

튼그물버섯Boletus calopus의 것이었다. 그물버섯은 지금까지도 가장 인기가 높은 식용 버섯 중 하나이다.

광대버섯의 환각작용에 대해서도 석기시대 사람들은 잘 알고 있었다. 앞서 말한 그 유골의 이빨에 남은 퇴적물에는 광대버섯Amanita muscaria의 포자도 남아 있었다. 그래서 많은 학자들은 광대버섯이야 말로 가장 오랜 역사를 자랑하는 의식 확장제라고 주장한다. 그것이 인류 최초의 마약이었던 셈이다.

사카로미세스 세레비제Saccharomyces cerevisiae의 기적 혹은 인간이 정착하게 된 이유

그로부터 얼마 후 환각제 품종에 한 가지 음료가 추가되었다. 지금까지도 최고의 인기를 자랑하는 음료이다. 이 음료 역시 균류의 특별한 역할이 있었기에 탄생할 수 있었다. 물론 석기시대 인간들은 아직 그 균류를 발견하지 못했다. 아직 부족들이 이 지역 저 지역을 떠돌며 사냥감 많은 사냥터와 맛난 식물과 씨앗과 열매와 버섯을 찾아다녔다. 그러나 약 12,000년 전에 이르자 떠돌던 집단들이 야생곡물 알갱이를 이용하기 시작했다. 이용의 편리를 위해 납작한 돌로 딱딱한 알갱이를 으깨었다. 그러다 보니 실수로 야생곡물의 찌꺼기를 흘렸고 그것이 비를 맞아 수분을 흡수했다.

그런데 며칠 후에 보니 실수로 흘렸던 곡물 찌꺼기와 물의 냄새와 모양이 달라져 있었다. 손가락을 그 물에 담갔다 핥아먹어보니 아주 맛이 좋았다. 와우! 맥주가 탄생한 것이다!

사람들이 납작한 그릇에 물을 붓고 거기에 곡물 알갱이를 쏟아부었을 것이다. 샤먼과 의사들은 그 새 음료가 만들기도 무척 쉬운 데다 마시고 나면 힘이 불끈 생겨 맡은 바 소임도 더 잘할 수 있다는 사실을 깨달았다. 술에 취해 폴짝폴짝 뛰고 고함을 지르고 자제력을 잃는 샤먼은 냉철할 때의 모습보다 훨씬 인상적인 이미지를 풍겼을 것이다. 새 음료는 샤먼의 건강과 행복에 매우 긍정적인 영향을 미쳤고 나아가 부족 전체의 행복에도 큰 도움이 되었을 것이다.

석기시대의 맥주 축제

새로 발견한 노란 음료가 충분하지는 않았을 것이다. 그러니 곧 문제가 발생했을 것이다. 여자들과 아이들을 내몰아 곡식알을 주워오고 심지어 남자들까지 팔 걷어붙이고 나서 낟알을 모아도 수확은 변변찮았고 맥주는 귀했다. 뭔가 획기적인 대책이 필요했다.

맥주의 본고장 바이에른의 생물학 교수 요제프 라이히홀프Joseph Reichholf가 주장한 이론이 솔깃해지는 지점이다. 그는 인류의 정착이 맥주의 발견 때문이라 주장한다. 인류가 더 많은 곡식을 얻기 위해 땅을 갈고 곡식을 심었고 혹시 야생동물이나 다른 부족이 와서 밭을 망가뜨릴까 봐 한 자리에 정착하게 되었다고 말이다. 물론 더 많은 맥주를 생산하려는 목적도 있었다. 빵은 이런 발전이 낳은 부산물로서 나중에야 만들어졌다. 그러니까 그의 이론에 따르면 정착은 우리의 오랜 추측과 달리 야생의 먹을거리가 줄어들었기 때문이 아니다. 석기시대의 맥주 축제가 이런 전 과정의 출발점이었다. 물론 그 시대의 사람들은 아직 그 맛난 음료가 효모균의 덕이라는 사실은 몰랐겠지만, 어쨌든 인간과 균류의 기나긴 역사에서 중대한 새 장이 열린 것만은 분명했다. 인류가 지금까지도 계속해서 쓰고 있는 기나긴 역사의 한 장이 열린 것이다.

경작 법은 지금으로부터 약 11,500년 전 터키 동남부와 시리아 북부에서 시작되었고, 얼마 안 가 지중해 동부권 전체가 밭을 갈기 시작했다. 제르프 엘 아흐마르와 쾨베클리 테페 같은 사원들이 지어졌고 그와 나란히 아직 농경 활동을 하지는 않았지만 제법 큰 주거지도 생겨났다. 뒤를 이어 최초의 대도시와 도시국가들이 탄생하였다. 당연히 그곳들에서 사람들은 맥주를 제조하여 마셨을 것이다.

가장 오래된 제한 규정

자고로 많은 사람들이 소중하게 생각하는 것은 규정을 두어 관리를 할 필요가 있다.

맥주의 본고장인 독일 바이에른 사람들은 세계 최초의 생필품법이 자기들 것이라고 자랑을 한다. 1487년 11월 30일에 바이에른 공국의 알프레히트 4세가 맥주 양조에 사용할 수 있는 재료를 법으로 정하였기 때문이다. 그 법에 따르면 맥주 양조에는 보리, 호프, 물만 사용할 수 있다. 하지만 바이에른의 애향민들은 3600년 전에 이미 맥주의 균일 품질 유지 노력이 있었다는 사실을 모르는 것 같다. 기원전 18세기의 판결 모음집인 수메르의 ≪함무라비 법전≫에는 세계에서 가장 오래된 맥주 제한 규정이 들어 있다. 법이 상당히 엄격한 것으로 미루어 당시 사람들이 맥주 양조를 매우 중요한 문제로 생각했다는 추측을 할 수 있겠다. **"보리가 아니라 은을 받고 맥주를 팔거나 품질이 떨어지는 맥주를 파는 술집 주인은 물에 수장시킨다." 당시에도 맥주 양조와 판매는 이 정도로 심각한 사안이었던 것이다.**

맥주라고 다 같은 맥주가 아니다

수메르 사람들은 물론이고 이후의 바빌로니아 사람들도 최소 스무 가지 종류의 맥주를 만들 줄 알았다. 재료로는 주로 엠머밀Triticum dicoccum을 사용하였다. 엠머밀은 밀 품종의 하나로 외알밀과 더불어 가장 오래된 재배 곡물종이다. 보리Hordeum vulgare 역시 가장 중요한 곡물 종이자 맥주 원료였다. 나일 강 삼각주 지역에서는 엠머밀 맥주, 보리맥주, 라이트맥주, 흑맥주, 고급 흑맥주, 고급 백맥주, 붉은 맥주, 짙은 색의 독한 맥주, 이집트와 다른 나라로 수출하는 라거맥주가 생산되었다.

그러니까 신석기 혁명이 시작될 무렵 균류가 인간의 삶으로 들어오면서 맥주는 전 세계로 널리 퍼져나갔다. 그러나 인류의 다른 유익한 발명품들이 다 그러하듯 맥주 역시 인간을 파멸로 이끌 수 있다. 효모균이 만든 걸작 품이 균류의 독을 다 합친 것보다 더 많은 사람을 죽이기 때문이다. 전 세계에서 10초에 한 명꼴로 술 때문에 목숨을 잃는다. 유럽과 독일에서 술은 가장 건강을 위협하는 요인 중 하나이며 세계보건기구의 발표를 보아도 술은 가장 위험한 물질 중 하나이다. 전 세계적으로 볼 때 질병과 신체 손상의 5.1%가 술과 관련이 있고 사망사건의 5.9%가 술 때문에 일어나거나 술이 원인이 된 폭행과 교통사고 때문이다. 후기 신석기시대의 샤먼들은 자신들의 발명품이 15,000년 후에 어떤 짓을 저지를지 아마 전혀 예상치 못했을 것이다.

제빵사, 양조기술자, 효모균

균류와 맥주의 이야기를 하려면 빵 이야기도 해야 한다. 이런 스토리가 있기 때문이다. 역사적으로 볼 때 제빵사라는 직업은 양조 기술자와 밀접한 관련이 있었다. 중세에는 제빵사를 악마가 내린 천재적인 양조기술자라고 생각했기 때문이다. 당시 사람들은 아직 이유를 몰랐기 때문에 아마 더더욱 그들의 양조기술이 신기했을 것이다. 양조 기술자들은 맥주를 10번 빚으면 겨우 2번 성공했지만 제빵사들은 빚을 때마다 성공작이었다. 그냥 슬쩍 빚기만 하면 소의 쓸개즙이나 사프란, 탄산암모늄 같은 첨가물을 넣지도 않았는데 맛난 맥주가 탄생하였다. 그래서 중세엔 양조권이 제빵사에게 주어지는 경우도 드물지 않았다.

그 기술의 공은 당연히 효모한테로 돌아간다. 제빵실엔 지금도 현미경으로나 보일 정도의 작은 효모 세포들이 대량으로 떠다니는데, 바로 그것들이 기막힌 상면발효맥주를 탄생시킨다.

효모 중에서도 빵효모 혹은 맥주효모라고 불리는 사카로미세스 세레비제Saccharomyces cerevisiae가 주인공이다. 그리스와 라틴어에서 온 속의 이름 사카로미세스Saccharomyces는 설탕균이라는 뜻이다. 뒤에 붙은 세레비제cerevisiae는 "맥주의"라는 뜻으로, 중세 제빵사들을 맥주 양조기술자로 성공시킨 주인공이 바로 이 단세포 균류라는 사실을 말해준다.

원형이나 타원형인 사카로미세스 세레비제의 세포는 직경이 5천~만 분의 1 밀리미터밖에 안 된다. 그리고 여러 가지 이유에서 분자생물학과 세포생물학 연구의 중요한 모델 유기체로 꼽힌다. 무엇보다 배양하기가 쉽고 내부세포구조가 식물이나 동물 세계의 다른 진핵생물 세포와 매우 비슷하기 때문이다. 진핵생물이란 진짜 세포핵이 있는 생명체를 말한다.

사카로미세스는 게놈 해독이 완전히 끝난 최초의 진핵 생물이기도 하다. 녀석은 16개의 크로모좀 안에 13,000,000개의 염기서열과 6,275개의 유전자를 갖추고 있다. 비교를 하자면 인간의 게놈은 3,270,000,000개의 염기서열과 약 23,000개의 유전자가 있다. 하지만 게놈의 크기나 유전자의 숫자가 항상 한 종의 복잡성과 진화 수준을 말해주는 것은 아니다. 가령 꽃양배추Brassica oleracea는 유전자 숫자가 100,000개나 되어서 우리 인간보다 4배는 더 많다.

하지만 이런 숫자보다도 더 황당한 사실이 있다. 맥주와 와인과 빵을 만드는 그 효모균이 우리 인간과 완전 친척이라는 사실이다. 어쨌거나 효모 유전자의 23% 이상이 우리 유전자에서도 발견이 된다니 말이다.

균류로는 불도 피운다

우리 조상들은 균류를 이용해 모닥불도 피웠다. 이때 사용한 말굽버섯은 환각버섯 및 식용버섯과 함께 인류가 가장 오래전부터 사용한 균류이다. 그러니까 말굽버섯은 세계에서 가장 오래된 라이터인 셈이다. 학명이 포르메스 포르멘타리우스Fomes fomentarius인 말굽버섯은 덴마크 발트해 연안의 마글레모제에서 기원전 약 9000년에서 6500년에 발생한 마글레모제문화의 유명 유적지나 영국 북 요크셔의 스카보로우에서 발견된 중석기시대의 가장 풍성한 유적지 스카 카르Star Carr의 목공품과 뼈 공예품에서 발견이 되었다. 이 문화의 주인공들은 사냥꾼과 채집꾼들이어서 말굽버섯이 없었다면 수천 년 넘게 불을 피우지 못했을 것이다. 스웨덴 외스터괴틀란드의 알바스트라, 슈센리트 문화의 주요 유적지인 울름의 습지주거지 에렌슈타인에서 발견된 유명한 수상가옥에서도 말굽버섯이 발견되었다. 하지만 우리 조상들이 언제, 어떻게 불 피우기에 맞춤인 버섯을 찾아냈는지는 아직 확실하지 않다.

말굽버섯은 허약해진 활엽수, 특히 너도밤나무와 자작나무를 공략한다. 말굽모양의 회색인 다년생 갓은 크기가 최고 30센티미터까지 자라기 때문에 눈에 잘 띈다. 게다가 녀석은 우리 문화사에서 가장 흥미진진한 이야기들을 들려준다. 지금은 잊힌 기술이지만 원시시대부터 녀석의 갓으로 부싯깃을 제작했기 때문이다. 말굽버섯의 갓을 얇게 썰어 끓이면 균류의 털 많은 중간층, 소위 트라마가 분리된다. 이것을 나무망치로 납작하게 두드려 부드럽게 만든 다음 잘 말려서 질산 칼

륨 용액에 담근다. 원시 시대에는 질산칼륨 용액 대신 오줌에 3~4일 담갔다.

그것을 꺼내어 다시 말리면 세계에서 가장 오래된 부싯깃이 완성된다. 이것을 부싯돌과 부시로 사용할 황철석 혹은 금속 한 조각과 함께 상자에 보관해 두었다가 필요할 때 꺼내 쓰면 된다. 부싯깃을 부싯돌에 놓고 부싯돌을 부시로 치면 불꽃이 일어난다. 불꽃은 잘 마른 부싯깃으로 옮겨 붙은 후 활활 타오른다.

또 말굽버섯은 19세기까지도 지혈 밴드로 사용되었다. 언제 우리 조상들이 균류의 이런 특성을 발견했는지는 알 길이 없다. 거북빵버섯과 말징버섯 같은 많은 말불버섯들 역시 훗날 비슷한 목적으로 사용되었다. 영국의 여러 장소에서 약 2000년 전의 유물이 발견되었다.

우리 문화사의 재미난 균류 이야기를 더 들려주고 싶지만 이렇게 가다가는 책 한 권을 더 써야 할지도 모를 것 같다.

어쨌든 지금까지 소개한 이야기들만 읽어보아도 진짜 모차렐라를 뿌린 향기 좋고 바삭한 버섯 피자는 그저 기나긴 역사를 자랑하는 다채로운 두 생명체의 오랜 관계에서 쥐꼬리만큼 작은 부분에 불과하다는 사실을 절로 실감할 수 있을 것이다.

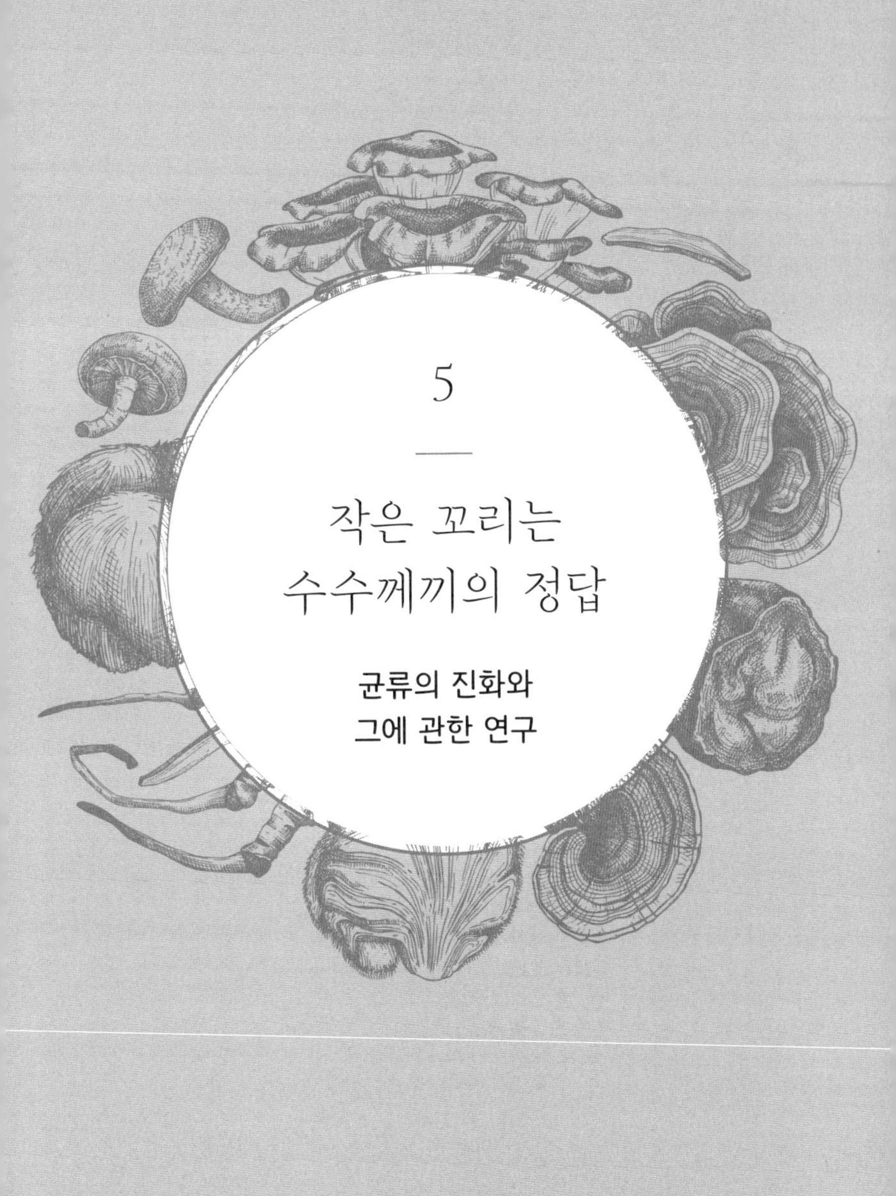

5

작은 꼬리는 수수께끼의 정답

균류의 진화와 그에 관한 연구

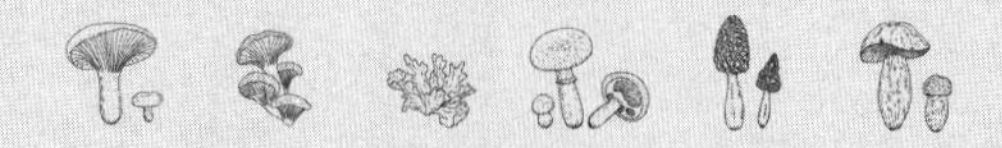

어두운 숲에 그림자왕국의 환영 같은

버섯 무리,

갓이 줄기를 압도하고 잎을 짓누르며

꽃보다 서둘러 피는 이상한 족속.

매끈한 크리스털, 흔들거리는 에메랄드,

미끈거리는 녹조류,

엉킨 실타래 안에 수없이 많은

작은 형태들을 숨긴 채……

요하네스 프란츠 크사비에르 기스텔:

카롤루스 린나에우스: 전기

균류에 대한 재미난 책을 쓰려면 최대한 알아듣기 쉬운 말을 사용해야겠지만 이번 주제는 그게 좀 힘들 것 같다. 이번 장에서 소개할 내용이 쉬운 개념을 허락지 않을 것이기 때문이다. 지금의 학문은 균류가 어떻게 세계의 무대를 밟았다고 생각하는 것일까? 이 장에서는 그에 대해 소개하려 한다.

워낙 복잡한 주제이다 보니, 여기서 설명할 진화의 과정은 아마 몇십 년 전에 생물학을 전공했던 사람들조차도 금방 이해하기가 쉽지 않을 것이다. 생명의 나무에 매달린 큰 가지들이 서로 어떤 관계인지를 두고 최근 들어 의견이 급격히 달라졌기 때문이다.

현대 과학 서적에 등장하는 이름들 중에는 몇 년 전에 처음 등장한 것들도 적지 않다. 단편모생물Amorphea, 식물+HC+SAR 대형군Diaphoretickes, 원시색소체생물(Archaeplastida 여기에는 식물도 포함된다), 엑스카바타Excavata 같은 단어가 대표적이며, 정말로 중요한 개념인 후편모생물Opisthokonta 역시 그러하다. 처음 듣는 말이라고? 안심해도 된다. 기존의 생물 체계학을 공부했던 생물학도들이라고 해서 별반 다르지 않을 테니까 말이다.

생물학의 출발과 생물 다양성

약 250년 전 칼 폰 린네Carl von Linné가 생명체를 체계적으로 분류하기 전까지만 해도 자연과학은 아직 역사도 짧았을 뿐 아니라 혼란 그 자체였다. 현미경으로 발견한 이것들이 대체 다 무엇이란 말인가? 진흙에서 생겨난 벌레인가? 아니면 동물인가? 식물인가? 당시 사람들 눈에 그 모든 것이 얼마나 신기하고 재미있고 새로웠을지 충분히 상상이 간다. 매일 세계를 뒤흔들 센세이션을 발견할 수 있었다. 학자들에게는 그야말로 신세계가 활짝 열려 있었다. 이제 막 싹을 틔운 생물학은 아직 확실한 학문 분야도 정해지지 못한 상태였지만 그럼에도 지구에 사는 생명의 다양성을 절감하기 시작했다.

이런 시대에 균류에 대해 무엇을 알았겠는가? 땅, 목재 등에 숨은 보이지 않는 균사의 실타래, 즉 균사체가 진짜 균류일 것이라고는 아무도 예상치 못했다. 균류의 기이한 성생활이나 갓 밑에 붙은 그 이상한 포자가루가 대체 어디다 쓰는 것인지도 몰랐다. 그러니 숲과 우리가 사는 세상에 미치는 균류의 엄청난 생태학적 영향은 짐작조차 할 수가 없었을 것이다.

당시 학자들이 늘어나는 지식을 정리하기 위해 사용한 범주들은 지금 우리 눈으로 보면 상당 부분 틀렸지만 그래도 지금보다 훨씬 개괄적이었고 또 어느 정도는 적절한 정리용 서랍이었다.

물론 지금 우리는 이런 과거의 지식들을 완전히 다 폐기해 버렸다. 현대 생물학의 체계법은 분자유전학적 방법을 이용해 과거의 의문들을 모두 해소하였다. 따라서 과거의 서랍은 이제 하나도 남아 있지 않다. 더구나 선도적인 생물분류학자들은 앞으로 몇 년 만 있으면 훨씬 더 좋은 방법이 나올 것이라고 한다니……

다양성을 정리하다

어쨌거나 일단 생물학의 태동기였던 18세기로 돌아가 보자. 하루가 다르게 새로운 종들이 발견되었지만 사람들은 종이 대체 무엇인지도 제대로 이해하지 못했다. 사람들은 종이 불변한다고 생각하였고 성경의 창세기에 빗대어 신이 창조하신 존재라고 보았다. 자연과학자가 할 일은 그 불변의 존재에게 알기 쉬운 이름을 붙이는 것이라고 말이다. 대부분 라틴어를 사용했던 당시의 생물 교과서를 보면 식물의 이름은 중요 특징의 나열에 불과했다. "**붉은 꽃이 피고 자루가 길며 응달에**

서 자라고 일 년에 두 번 꽃이 피는 식물." 이처럼 식물의 명명법은 불명확하기 이를 데가 없었으니, 동물과 균류라고 해서 다를 것이 없었다.

과학적인 종의 설명에 틀이 부족했다. 통일된 용어, 방법, 체계, 지침이 없었다. 학자마다 자기 방식대로 설명을 하다 보니 결국 생물학계에선 오른손이 하는 일을 왼손도 모르는 꼴이 되고 말았다.

그럼에도 다양성을 정리하려는 노력은 많았고, 린네 이전에도 속과 종의 분류 체계를 두고 이미 논의가 있었다. 하지만 이들의 주장은 힘을 얻지 못했다. 체계화가 시급했지만 아직 상위의 체계 범주가 마련되지 못했다.

균류 역시 원시시대부터 많이 이용해 왔지만 그 누구도 균류를 분류하자는 엄두를 내지 못했다. 아직 균류의 번식 방법도 알지 못하는 상태였다. 오히려 균류를 보면서 자연 발생generatio spontanea의 믿음을 더 굳혔다. 사람들은 생명이 진흙이나 젖은 흙에서 그냥 생긴다고 믿었고 버섯이야 말로 그것을 증명하는 확실한 증거라고 생각했다. 몇 달 동안 코빼기도 안 보이던 버섯이 어느 날 갑자기 우르르 땅에서 솟구치기 시작하니 말이다. 그건 아무리 봐도 진흙에서 "그냥" 생기는 것이 틀림없었다.

칼 폰 린네가 세상을 정리하다

그러다가 칼 폰 린네가 등장했다. 재능이 넘쳤지만 허영심도 많았던 남자였다. 만년에 그는 수많은 자화상을 주문 제작했고 자신의 업적을 이 한 문장으로 요약하였다. "**세상은 신이 창조하셨지만 세상을 정돈한 사람은 린네이다. Deus creavit, Linnaeus disposuit.**" 결코 겸손하다고는 볼 수 없는 태도였다. 그럼에도 린네의 분류체계는 당시로서는 실로 혁명적인 업적이었다. 린네 이후 종의 분류가 엄청나게 간편해진 것이 사실이며, 또 종과 속 같은 낮은 분류단계는 이후에 밝혀진 진화의 계통발생과도 상당 부분 일치하기 때문이다. 물론 그보다 더 높은 분류 단계의 체계에 대해서는 린네 자신도 부족함을 예상했다. 그가 분류한 모든 속, 과, 문은 생물 다양성을 분류하기엔 턱없이 부족했다. 하지만 그 사실이 밝혀진 것은 훗날의 일이었고, 일단은 자연과학이 그야말로 붐을 이루었다. 그러니 우리는 린네를 또 한 번의 생물학 혁명을 몰고 온 개척자로 볼 수 있을 것이다. 특히 찰스 다윈과 뗄 수 없는 관계인 그 생물학이라면 말이다.

말뚝버섯의 라틴어 이름

그렇다면 린네의 명명법 체계는 정확히 어떤 모습일까? 지금까지도 이항 명명법이라 부르는 그의 이름 체계는 모든 종에게 (대부분 라틴어인) 하나의 이름을 붙이는데, 고유명사인 속의 이름과 형용사인 종의 이름으로 만들어진다. 따라서 이제부터는 어떤 자연과학자가 새로운 종을 발견하더라도 그 이름이 명확해서 누구나 쉽게 이해할 수 있었다. 특별한 모양의 균류를 예로 들어보자. 흔히 우리는 그 녀석을 말뚝버섯이라고 부른다.

린네는 이름을 지을 때 외모에서 영감을 얻을 때가 많았다. 그래서 1753년에 말뚝버섯에게 "뻔뻔한 남근*Phallus impudicus*"이라는 이름을 붙였다. 종의 이름은 필기체로 쓰는데, 속명(여기선 *Phallus*)은 대문자로, 종명(여기선 *impudicus*)은 소문자로 표기했다. 속명을 형용사인 종명과 결합하여서 종의 학명을 만드는 것이다. 물론 그사이 린네가 붙인 이름의 상당수는 개명을 했다. 생물학 체계법에선 이를 두고 개정Revision이라 부른다. 하지만 흔히 볼 수 있는 많은 종의 이름은 아직 그대로 유지되고 있다. 또 속의 이름을 바꾸어도 소문자 종의 이름은 그대로 남은 경우가 많다. 어쨌거나 학명 뒤에 붙은 대문자 L.은 이 종의 이름을 처음 붙인 사람이 분류법의 아버지 자신이었음을 후세대에까지 널리 알리고 있는 것이다.

균류는 어떤 서랍에 들어갈까?

린네는 균류에게도 확실한 이름을 선사했다. 물론 당시 사람들은 생명체가 식물 아니면 동물 둘 밖에 없다고 생각했으므로 균류를 자체 범주로 보지는 않았다.

린네는 동물을 다음과 같이 정의했다. "동물: 조직된 신체, 살아 있고 감각을 느끼며 움직인다."(자연의 체계, 제 10판, 1758년) 반대로 식물은 이렇게 정의했다. "식물: 조직된 신체, 살아 있지만 감각이 없다." 지금 우리 눈으로 보면 부족하기 짝이 없는 정의이다. 가령 광합성 능력과 같은 중요한 차이를 전혀 보지 못했다. 린네의 말대로라면 균류는 움직이지 못하며 감각이 없어 보이지만 살아 있으니 식물일 것이다. 하지만 식물은 광합성을 하는데 균류는 광합성을 못한다. 그렇다면 과연 균류는 무엇이란 말인가?

균류냐 해면이냐?

린네 시대에도 그의 명명법을 둘러싸고 혼란이 없지 않았다. 같은 것을 두고 다른 학명을 사용함으로써 생긴 혼동이 대표적이었다. 균류의 학명 Fungi는 그리스어 sphóngos에서 왔다. 원래 이 이름의 주인공은 바다에 사는 해면이었다. 균류가 해면처럼 물을 흠뻑 빨아들일 수 있기 때문에 사람들이 그 둘을 같은 것이라고 생각했던 것이다. 하지만 해면Porifera은 해저에 사는 수중 동물이다. 균류와는 공통점이 거의 없다.

균류의 실체를 둘러싼 활발한 논쟁에 불을 지핀 사람은 유명한 거짓말쟁이 남작의 형인 독일 식물학자 오토 폰 뮌히하우젠 남작Otto Freiherr von Muenchhausen, 1716~1774이다. 당시 사람들은 균류의 양성성을 입증하려고 애를 쓰는 중이었다. 뮌히하우젠이 균류의 포자를 모아 물을 부었더니 놀라운 현상이 벌어졌다. 고프리프 빌헬름Gottfried Willhelm 주교는 1839년에 발간한 생물학 교과서에서 그 현상을 이렇게 기록하였다.

"깜부기와 다른 버섯의 포자에 미지근한 물을 끼얹은 후 거기서 살아 있는 작은 동물이 많이 생겨난 것을 보고 뮌히하우젠은 깜부기와 먼지 같은 버섯 포자들이 벌레를 만드는 알이라고 결론

지었다. 린네는 이 관찰결과에 큰 무게를 두어 뮌히하우젠의 입장에 동의하였다. 그 역시 균류가 살아 있는 씨앗(씨앗벌레)을 갖고 있다고 믿었으며 그것이 동물로 바뀌는 식물의 변신을 입증한다고 보았다."

균류는 잡종인가?

그러니까 뮌히하우젠은 균류가 특정 단계에선 식물이다가 다른 단계에선 동물이 되는 일종의 잡종이라고 생각했다. 린네 역시 그의 의견에 공감하여 씨앗벌레를 믿었다. 하지만 이 씨앗벌레는 균류 포자가 이제 막 홀씨발아를 시작하면서 만드는 발아균사로 -당시의 열악한 현미경 수준을 생각한다면- 살짝 꼬리를 연상시켰을 수도 있을 것이다.

하지만 모두가 뮌히하우젠의 결론에 동조했던 것은 아니다. 그와 같은 시대를 살았던 프리드리히 빌헬름 바이스 Friedrich Wilhelm Weiss는 균류를 아예 생명체의 왕국에서 추방시켜 **곤충의 인공집**이라고 생각했다. 아마 괴팅엔 대학교의 뷔트너Christian Wilhelm Büttner 교수의 주장을 믿었기 때문일지 모르겠다. 뷔트너 교수는 **"현미경으로 균류의 포자에서 파리 애**

벌레가 기어 나오는 것"을 보았다고 주장했다. 그런가 하면 현대적인 주장을 믿고서 균류를 식물로 보지 않았던 사람들도 있었다. 이들은 "**균류의 화학성분과 죽은 후 빨리 부패하는 성질을 보아 균류가 동물**"이라고 주장했다.

약사 게오르크 프리드리히 메르클린Georg Friedrich Maerklin은 "**균류가 부패하거나 발효하는 식물 일부의 부산물이며 자연의 단순한 장난**"이라고 보았다. 따라서 속이나 종으로 분류하는 것 자체가 헛수고라고 주장하였다.

이런 당시의 분위기에서 린네는 균류에 이름을 선사하기는 했지만 아직 균류에게 적합한 분류 체계를 찾아주지는 못했다. 덕분에 균류는 100년 이상의 긴 세월을 곁방 손님 취급을 받으며 식물계에 근근이 붙어 연명해야 했다.

엘리아스 마그누스 프리스와 균류의 체계화

그럼에도 균류에 대한 지식은 끝없이 커져갔다. 여기에는 스웨덴의 식물학자 엘리아스 마그누스 프리스Elias Magnus Fries, 1794~1878의 공이 컸다. 그가 최초로 균류의 분류체계를 개발하여 린네가 쌓은 업적을 더욱 살찌웠기 때문이다.

프리스는 연장자인 크리스티안 헨드릭 페르손Christian Hendrik Persoon, 1761~1836과 더불어 현대 균학의 기틀을 세운 인물이다.

프리스는 12살의 나이에 이미 균학의 신동으로 이름을 날렸다. 불과 몇 년 후엔 300여 종의 균류를 구분할 수 있었다. 현대에도 균학 전문가들이나 가능한 능력이다. 보통 버섯 애호가들의 경우에도 확실히 아는 식용버섯은 3종 정도에 불과하고, 많아 봤자 10종을 넘지 못한다. 게다가 확실히 안다는 생각도 틀릴 때가 많다. 그물버섯과 꾀꼬리버섯, 큰갓버섯 속은 수많은 종이 딸려 있어서 일반인은 거의 구분할 수가 없고 또 다 먹을 수 있는 것도 아니다.

포자와 자실층의 미세구조를 균류의 체계화에 이용한 것 역시 프리스의 위대한 학문적 업적으로 손꼽힌다. 그가 붙인 수많은 속과 종의 이름은 지금까지도 그대로 사용되고 있다. 1821년에서 1832년 사이에 발표한 3권짜리 저서 ≪곰팡이의 체계Systema mycologicum≫에서 그는 린네가 문을 연 이항 명명법을 균류에게도 적용하였다.

균류의 본성에 대하여

이런 공로에도 불구하고 프리스는 균류의 진정한 본성을 미처 알지 못했다. 아직 필요한 여건이 마련되지 않았기 때문이었다. 균류의 본성을 파악하자면 엄격하게 분리된 식물학과 동물학 곁에 독자적인 학문분과로서 생태학이 확고히 자리를 잡아야 했다. 아래와 같은 정의로 생태학의 개념을 처음 사용한 사람은 독일 철학자이자 생물학자인 에른스트 헤켈Ernst Haeckel, 1834~1919이었다. **"생태학이란 유기체와 주변 외부세계의 관계를 다루는 학문 전체를 말한다. 넓은 의미에서는 모든 생존 조건이 이 외부세계에 포함될 수 있을 것이다. 이 학문은 일부는 유기적 성격이며 일부는 비유기적(무기질) 성격이다."**

현재는 생태학은 물론이고 생물학의 가장 기초적인 지식이 바로 "**유기체와 주변 외부세계의 관계**"이지만, 당시엔 그것이 생물학자들 사이에서도 전혀 일반적인 지식이 아니었다. 하지만 구분과 분류를 할 수 있으려면 먼저 자연에서 맺는 생명체들의 관계를 기본적으로 이해해야 한다. 균류의 분류 역시 다르지 않아서 외부세계와의 관계를 먼저 알아야 가령 독립영양생물autotroph과 종속영양생물heterotroph 같은 식의 구분이 가능해질 것이다.

독립영양이란 무기물로부터 유기물을 합성하는 생명체의 능력을 말한다. "Autotroph"은 그리스어에서 온 말로 **"스스로 먹여 살린다"**는 뜻이다. 이 말들 들으면 다들 제일 먼저 식물의 광합성이 떠오를 것이다. 생태학에서는 식물이 우리가 사는 세상의 중요한 1차 생산자이다.

독립영양생물의 반대편에는 종속영양생물이 있다. 이들은 엽록소 같은 색소가 없어서 광합성으로 에너지를 얻을 수 없기 때문에 에너지가 풍부한 유기 화합물을 섭취해야만 한다. 한 마디로 **"종속영양생물은 먹어야 사는 것이다!"** 다들 동물이 제일 먼저 떠오를 것이다. 동물이라면 우리는 초식동물Herbivore, 육식동물Carnivore, 잡식동물Omnivore을 알고 있다. 이들 모두는 빛이나 다른 에너지원을 이용해 영양분을 합성할 수 없는 생명체로, 생태학에서는 "소비자"로 분류된다. 이들의 소비는 다양한 방식으로 진행된다. 균류는 종속영양생물이면서 "분해자"이다. 이런 분해자가 없으면 세계는 몇 미터 두께의 쓰레기로 뒤덮일 것이다.

균류도 먹어야 산다

이제 이 양 측면을 합치면 대답이 나올 것이다. **"균류는 생태학적 관점에서 식물보다는 동물에 더 가깝다."** 생물학자들 사이에선 당연한 것으로 치부되는 지식이지만 일반인들은 그 소리를 들으면 못 믿겠다는 듯 고개를 갸웃거릴 것이다. 하지만 균류는 먹는다. 죽은 유기물(이런 균류를 부생 균류라고 부른다)이나 살아있는 유기체(이 경우는 기생 균류라고 부른다)에게서 양분을 가져온다. 또 다른 균류는 앞에서도 살펴보았듯 양쪽 모두에게 득이 되도록 식물과 공생하면서 영양물질을 주고받는다.

휘태커가 마침내 해냈다

균류가 식물이 아니므로 식물학의 연구 대상이 아니라는 사실은 오래전에 밝혀졌다. 그럼에도 역사적, 실용적 이유에서 최근까지도 식물학의 교과서에는 균류도 들어 있었다. 그러던 것이 마침내 1969년에 앞서 언급한 로버트 하딩 휘태커 Robert Harding Whittaker가 모든 유기체의 세계를 5개의 왕국으로 나누는 새로운 분류체계를 도입하였다. 그는 생물을 동물Animalia, 식물Plantae, 균류Fungi, 단세포생물Protista, 박테리아와 고세균 같은 미생물Monera로 나누었다. 영국 옥스퍼드 교수 토머스 캐빌리어 스미스Thomas Cavalier-Smith는 이 분류법을 더욱 발전시켰다. 두 영역(원핵생물Prokaryota과 진핵생물Eukaryota)을 구분하여 생명체를 6~8개의 왕국으로 분류하였던 것이다. 그러다 2015년에 와서는 왕국의 숫자가 7개로 수정되었다. 원핵생물인 고세균과 박테리아에다 진핵생물의 5개 왕국(유색조식물Chromista, 단세포생물, 균류, 식물, 동물)이 더해져서 총 7개인 것이다. 앞으로 분류법이 어떻게 더 발전될지는 모르겠지만 어쨌든 균류가 유기체의 세계에서 자신만의 왕국을 다스리고 있다는 것만은 분명하다.

꼬리라니 말이지만

그것이 사실이라는 것은 또 다른 역사가 입증한다. 계통사를 이해하는 과정에서 지난 몇십 년 동안 꼬리, 즉 긴 털에 큰 관심이 쏠렸다. 이런 생명체를 두고 후편모생물Opisthokonta이라 부른다. 후편모생물이란 일생 중 적어도 한 단계나 계통발생사에서 엉덩이에 털을 달고 다니는 생명체를 말한다. 평생 털을 달고 다닐 필요는 없다. 평생 중 특정 시기에만 달고 있으면 된다. 가령 정자는 난자와 만나 새 생명을 시작하기 전에 꼬리를 달고 있다. 따라서 생물계통사 연구는 균류와 동물의 조상이 같았다는 사실을 입증하고 있다.

균류와 동물의 마지막 공동 조상은 약 10억 년 전에 살았다. 정확히 어떤 모습인지는 알 수 없지만 생물학자들이 그것을 두고 단세포였고 물에 살았으며 뒷부분에 달린 한 개나 두 개의 꼬리를 이용해 이동했다고 추측하는 데에는 다 그럴만한 이유가 있을 것이다. 그런 종류의 생명체는 지금도 살아 있다. 동정편모충류Choanoflagellata가 대표적이다. 녀석은 바다나 담수에 사는 단세포 "동물"로, 진화적으로 볼 때 다세포 동물의 자매 집단이다. 호상균류Chytridiomycota 역시 균류와 공통점이 많다. 이것들은 전 세계의 땅과 담수에 널리 퍼져 사는 유기체로, 그중에는 몇몇 기생종도 있다. 생물학자들은 꼬리가 달리는 시기가 있어서 과연 호상균류를 균류에 포함시켜도 좋을지 오래 고민했다. 하지만 지금은 오히려 꼬리가 달리는 시기가 있기 때문에 이것들이 균류이며 동물의 친척이라고 추측한다. 호상균류는 일찍이 균류의 다른 라인에서 떨어져 나왔지만, 꼬리 달린 포자 같은 균류의 원래 특징들은 그대로 간직하고 있다.

하지만 앞서 환상적인 도로 설계자로 소개했던 점균류(Mycetozoa 혹은 Eumycetozoa)는 사실상 균류가 아니다. 이 단세포 생물은 생활방식이 동물과 균류의 특징을 다 갖고 있지만 둘 중 어디에도 속하지 않는다. 사람들은 점균류를 특정 아메바 종들과 함께 아메바류Amoebozoa로 분류한다.

린네와 같은 식물과 동물의 단순 구분은 분자생물학에 기반을 둔 현대의 생물체계화모델을 근거로 이미 효력을 잃었다. 지금껏 여기서 우리가 발견한 것을 요약해 본다면 모든 것은 훨씬 더 흥미진진할 것이다. 진화가 만들어낸 균류는 진짜 세포핵과 미토콘드리아를 갖추었고 극도로 다채로운 형태와 발전을 선보이는 진핵생물이다. 균류에게는 식물처럼 세포벽이 있지만 그 재료가 식물과 달리 셀룰로오스가 아니라 키틴이다. 균류는 동물처럼 먹어야 산다. 다시 말해 종속영양생물이며 엽록소가 없다. 또 탄수화물을 식물처럼 전분의 형태가 아니라 동물처럼 폴리사카라이드 글리코겐의 형태로 저장한다. 나아가 균류는 다른 모든 생명체의 인생 파트너이기도 하지만 치명적인 적이기도 하며 독자적인 집단이다. 그러나 이것이 균류에 대해 우리가 아는 전부가 아니다.

토르토투부스 프로토투베란스Tortotubus protuberans, 화석 하나가 균류의 개척자 역할을 입증하다

1980년에 이미 스웨덴과 스코틀랜드에서 작은 화석들이 발견되었다. 머리카락 직경보다 더 가는 화석들이었다. 영국 더럼 대학교의 마틴 스미스Martin Smith가 최근에 이것이 최초로 물에서 나와 육지로 오른 생명체의 화석임을 확인하였다. 4억 4천만 년 전의 이 화석에서 토르토투부스 프로토투베란스Tortotubus protuberans의 균사 일부가 발견되었던 것이다. **"이로써 이 화석은 균류 진화는 물론이고 육상 생물 진화의 중요한 빈자리를 메웠다."** 스미스는 언론에 연구 결과를 발표하면서 이것이 육상 식물을 통 털어 가장 오래된 화석이라고 주장했다. **"지금까지 고생대 균류에 대한 명확한 증거는 없지만 균류가 최초의 동물이 대양을 떠나기 전부터 이미 육지를 점령하였을 수도 있다"**라고 스미스는 확신했다.

하지만 그렇게 까마득한 과거의 연구는 쉬운 일이 아니고 결과 역시 논란의 여지가 없을 수 없다. 앞서 배웠듯 균류는 유기물을 먹고사는 분해자이다. 그런데 균류가 제일 먼저 육지로 올라왔다면 뭘 분해했단 말인가? 추정만이 가능할 뿐이다. 아마 얕은 하천이나 물웅덩이, 젖은 땅에 살던 원핵세포

박테리아나 가장 단순한 해조류였을 것이다. 하지만 누가 먼저였는지는 누구도 쉽게 대답할 수 없는 문제이다.

반대로 확실한 사실도 있다. 복잡한 구조의 식물과 동물이 육지로 올라오려면 먼저 조건이 조성되어야 한다. 이 임무를 균류가 떠맡았다. 균류는 부패를 통해 다른 생물들이 자랄 수 있는 땅을 만들었고 중요한 영양소를 생산하였다. 균류가 생명 군대의 정찰병이 되어 비옥한 토지를 마련한 덕분에 훗날 식물들이 그곳에서 자랄 수 있었던 것이다. 식물이 있는 곳에선 동물도 멀지 않은 법이니까.

이제 눈을 우리가 사는 현재로 돌려 균류의 3가지 형태 중 두 가지를 먼저 살펴보기로 하자. 우리의 관심을 제일 많이 끄는 갓, 그리고 그것이 생산하는 수십억 개의 포자가 다음 장에서 살펴볼 대상이다. 포자는 지금껏 우리가 생각했던 것보다 훨씬 큰 영향을 우리에게 미친다.

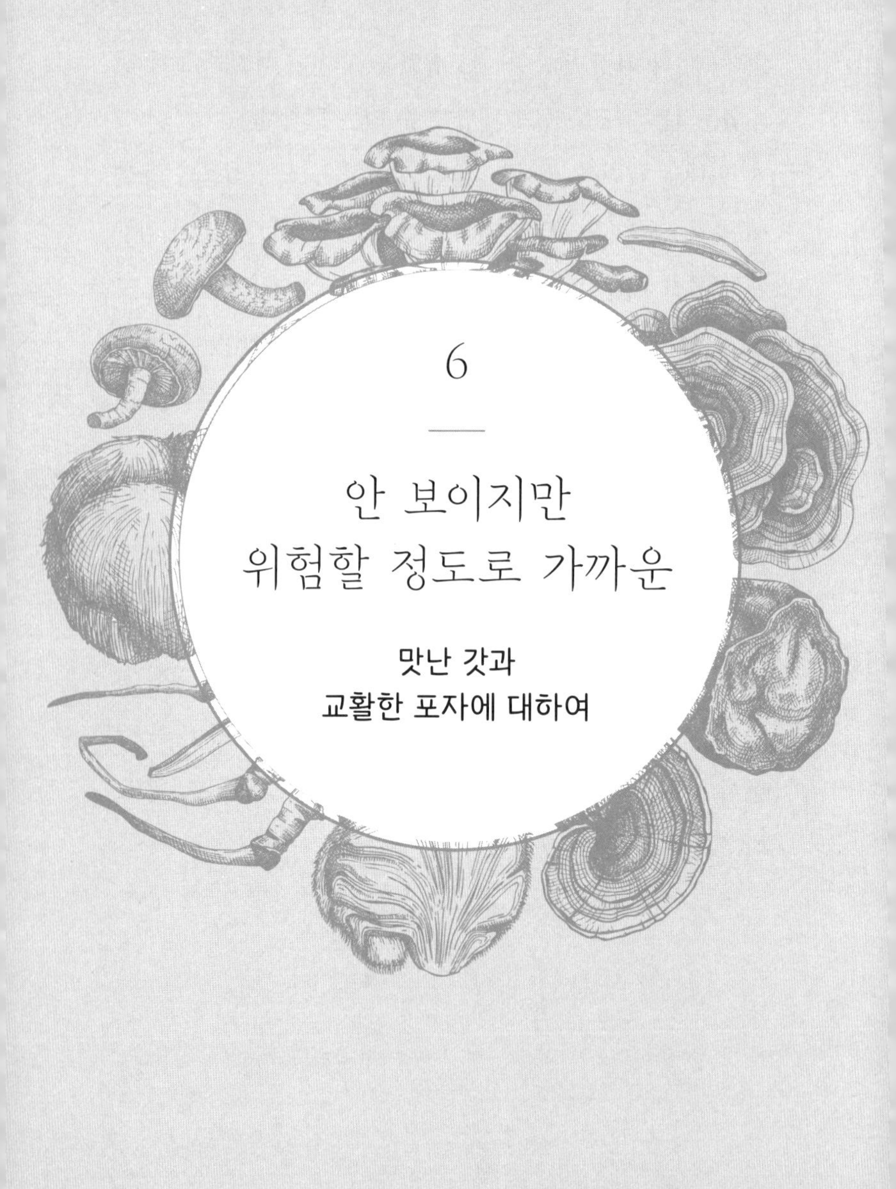

6

안 보이지만 위험할 정도로 가까운

맛난 갓과 교활한 포자에 대하여

모든 버섯은

잡초도 뿌리도 꽃도 씨앗도 아니며

땅과 나무와 썩은 목재와 다른 썩은 물건의

쓸모없는 습기이다.

아리스토텔레스에서 근대에 이르기까지 균류에 대한 학설

녀석들은 벌써 우리 밑에 와 있다. 아니 벌써 우리 안에 들어와 있다.

나쁜 외계인 이야기가 아니다. 우리 땅 밑의 지하 생명체인 균류의 포자 이야기이다. 다시 말해 균류의 아주 작은 생식세포 이야기인 것이다. 균류의 포자는 직경이 2~200 마이크로미터에 불과하지만 우리가 상상도 못 할 만큼 엄청난 양이 갓의 자실층에서 만들어진다. 이 자실층은 겉에서 보면 보통 주름이나 관처럼 생겼다.

균류의 삼중성

하지만 일단 잠시 걸음을 멈추고 "**균류의 삼중성**"이라 부를 수 있을 현상에 대해 조금 더 알아보기로 한다. **균류는 세 가지 형태를 띠는 생명체**이기 때문이다. 균사와 그것들이 뒤엉켜 만들어진 균사체는 균류의 토대를 형성한다. 이 균사체에서 이따금씩 갓이 생겨나는데, 바로 이것이 우리가 버섯이라 부르는 부분이다. 그리고 갓은 다시 세 번째 형태인 포자를 만든다. 그러니까 **균사체**, **갓**, **포자**, 이 세 가지 형태 모두가 한 종 혹은 한 개체의 표현인 것이다.

놀랍게도 인류가 이런 상관관계를 파악하기까지는 참으로 오랜 시간이 걸렸다. 균류가 3가지 형태를 띤다는 사실이 밝혀지면서 이 형태들의 관계도 서서히 깨닫게 된 것이다.

균류의 번식

포자를 발견했을 뿐 아니라 균류가 그것을 이용해 번식을 한다는 사실을 처음 밝혀낸 사람은 이탈리아의 식물학자 피에르 안토니오 미첼리Pier Antonio Micheli, 1679~1737였다. 당연히 미첼리는 균학의 아버지 중 한 사람으로 꼽힌다. 그렇지만 그마저도 앞에서 설명한 균류와 식물의 근본적 차이는 아직 깨닫지 못했다.

1729년에 발간된 그의 대표작 《새로운 식물의 속(屬)Nova Plantarum Genera》은 상당히 많은 숫자의 균류를 세계 최초로 소개하였다. 균학의 새 시대를 열었던 이 위대한 책에 소개된 버섯은 뿔나팔버섯Craterellus cornucopioides, 말뚝버섯, 곰보버섯Morchella esculenta, 어리알버섯, 트러플 버섯, 주름안장버섯, 말똥진흙버섯, 말불버섯, 방망이싸리버섯 등이다. 미첼리의 저서를 살짝 맛보기로 읽어보면 당시의 균학이 어떠했는지를 짐작할 수 있을 것이다. 여기서 리코페르돈Lycoperdon은 말불버섯을 일컫는다.

"리코페르돈은 둥글거나 둥그스름한 형태인 식물의 속으로 보통 세 겹의 껍질이 있는데 가장 바깥쪽 껍질은 남은 두 개의 안쪽 껍질과 확실히 분리된다. 세 번째 껍질은 억지로 찢지 않으면 심과 분리할 수가 없다. 이 심은 해면처럼 푸석하고, 확연히 구분되는 두 개의 물질로 나누어진다. 아래쪽에 있는 것은 변하지 않고 오래간다. 하지만 윗부분을 채운 물질은 숙성시키면 순식간에 풀어져 실이 되고 일부는 거의 눈에 보이지 않는 낟알로 해체된다."

미첼리가 균류의 "씨앗", 즉 포자를 맨눈으로 보았고 그것으로 오랫동안 발아 실험을 했음에도 그의 저서는 큰 반발을 몰고 왔다. 버섯이 씨앗(포자)으로 번식할 수 없다고 믿었던 다른 자연과학자들이 반발을 한 것이다. 대부분의 자연과학자들이 포자와 번식의 연관성을 인정하기까지는 100년의 세월이 더 필요했다. 베를린의 교수 크리스티안 고트프리트 에렌베르크Chriatian Gottfried Ehrenberg의 공이 지대했는데, 1820년에 나온 그의 ≪동물 도감De Mycetogenesi≫이 마지막 남은 의혹까지 싹 해소하였기 때문이다. 그렇다면 갓과 포자는 무슨 관계가 있는 것일까?

갓은 포자를 만든다

버섯의 갓은 원시시대부터 탐욕의 대상이었다. 자연이 낳은 최고의 걸작품이라 할 그 갓의 학명은 스포로카르프Sporocarp이다. 색깔도 다채롭거니와 모양도 다양하여 껍데기 모양, 해면, 산호, 몽둥이 모양도 있으며 죽은 사람의 손가락 모양도 있다. 또 피즙갈대깔대기버섯*은 야광이며 동충하초Cordyceps militaris는 나비 애벌레 위에서만 자란다. 불가사리를 닮은 불가사리 버섯Aseroe rubra도 있고 다른 별에서 온 외계인을 닮은 것도 있으며 붉은 오징어를 닮은 것도 있다.

이렇듯 모습은 다양하지만 맡은 임무는 동일하다. 부모의 재생산체 및 번식체인 작은 포자를 바람이나 물, 다른 생명체를 이용해 멀리멀리 보내는 것이다. 균류가 개발한 전략은 우리의 상상을 초월할 때가 많다. 오랜 시간 인간은 포자를 겁내지 않았다. 포자가 존재한다는 사실은 물론이고 포자가 뭘 할 수 있는지를 아예 몰랐기 때문이다. 하지만 포자에 대한 지식이 쌓이면서 그것들에 대한 인간의 존경심과 경외심도 따라 커졌다.

*피즙갈대깔대기버섯(Hydnellum peckii) : 잇몸출혈버섯이라고도 부른다 - 옮긴이

파라오의 저주

균류에 대한 두려움이 처음으로 히스테리에 가까울 정도로 치솟았던 때는 1920년대였다. 지금까지 알려지지 않았던 이집트 파라오의 무덤을 발굴하였던 학자 몇 사람이 그 직후 아무런 이유도 없이 사망했기 때문이다. 모두들 "파라오의 저주"라고 쑤군거렸다. "파라오의 휴식을 방해하는 자에겐 죽음이 닥치리라!" 무덤 속 점토판에는 그런 글자가 쓰여 있었다고 했다. 점토판과 그것이 존재했다는 증거는 사라지고 없지만 그럼에도 학자들의 죽음에는 무서운 이유가 있을 것이라고 사람들은 믿었다.

균류의 포자는 죽음과 같은 상태에서도 오랜 시간 살아남을 수 있기에 우리가 호흡을 통해 그 포자를 들이마시면 그것이 폐로 들어와 새 생명으로 자랄 수 있다고 말이다. 누룩곰팡이 속Aspergillus의 곰팡이들, 특히 아스페르길루스 플라부스Aspergillus flavus가 이런 점에서 악명이 높다.

1980년대에 방영된 다큐멘터리 〈테라 X〉*는 이런 의혹을 증폭시켰다. 고대 이집트인들이 무덤을 보호하기 위해 일부러

*테라 X : 독일 ZDF 방송사에서 방영하는 역사, 자연, 과학 다큐멘터리 - 옮긴이

곰팡이를 거기에 두었고, 무덤을 열 때마다 생겼던 질병 및 사망 사건은 다 그것과 관련이 있다는 내용이었다. 하지만 지금까지도 균학자들은 포자의 최대 생존기간에 대해 아는 것이 별로 없다는 입장이다. 한 학자가 2500년 된 균류의 포자를 살렸다고 주장했지만 아직까지 확인되지 않은 사실이다. 따라서 흑국균Aspergillus niger을 연구하는 유명 학자들은 건조한 무덤 안에서 포자가 그렇게 오래 살 수는 없다는 입장이었다. 게다가 20명이 넘는 죽은 고고학자들과 도우미들이 전부 다 하필이면 무덤에서 감염이 되었다는 것도 의심스럽다.

수백만 종의 누룩곰팡이 종 포자는 전 세계 어디서나 발견되기 때문에 건강한 사람에게는 위험하지가 않다. 따라서 그 학자들이 죽은 이유는 다른 곳에 있을 수도 있다. 안 그래도 기저질환이 있었는데 사막 기후로 인해 질환이 악화되었거나 박테리아에 감염되었을 수도 있고, 그냥 단순하게 노환이었을 수도 있다. 물론 정체를 알 수 없는 균류 때문이었을 수도 있을 것이다.

우리가 매일 먹는 버섯

확실한 것은 우리가 어디에 있건 균류가 잔뜩 든 공기를 들이마신다는 사실이다. 하지만 대기 중 버섯 포자의 숫자와 종의 다양성이 예상보다 훨씬 더 크다는 사실이 밝혀진 것은 불과 얼마 전이다. 공기 $1m^3$ 당 1천~1만 개의 포자가 떠돌아다닌다. 우리가 하루에 들이마시는 공기 양이 1만~2만 리터 정도이므로 우리는 입으로도 맛난 버섯을 먹지만 코로도 각종 버섯 물질을 섭취하는 셈이다. 학자들이 계산을 해보니 생물학적 미세먼지를 통해 매일 7 나노그램의 버섯 DNA가 우리 몸으로 들어온다고 한다.[7)]

가령 다 익은 그물버섯의 갓은 3만 개의 작은 포자를 방출한다. 하루가 아니다. 1초당! 그러니 하루에 방출하는 양을 다 합치면 몇십 억 개는 족히 될 것이다. 버섯 시즌이 절정에 달할 때는 숲과 들이 버섯의 갓으로 넘쳐난다. 전문가들은 해마다 전 세계에서 약 5천만 톤의 포자가 길을 나선다고 추측한다. 참으로 어마어마한 양이니 결과가 없을 리 없다. 균류의 포자는 응결핵이자 결정핵이므로 물방울과 얼음 결정을 만든다. 균류가 없다면 구름도 비도 훨씬 줄어들 것이다.

하지만 균류의 포자는 인간과 동물, 식물에게 질병과 죽음을 안겨다 주기도 한다. 가령 곰팡이 포자에 알레르기가 있는 사람은 보통 괴로운 것이 아니다. 가을에 텃밭에서 일하는 건 꿈도 꿀 수 없다. 안 그래도 가을이면 더 많이 날아다니는 곰팡이 포자가 낙엽을 쓸어 모을 때 풀풀 날리기 때문이다. 하지만 클라도스포리움Cladosporium, 알테르나리아Alternaria, 누룩곰팡이Aspergillus는 잎이나 공기 중에만 있는 것이 아니라 땅바닥과 썩어가는 나무에서도 산다. 집이라고 해서 절대 안전지대가 아니다. 욕실, 냉장고, 양탄자, 쿠션, 쓰레기통, 다락방, 지하실을 가리지 않고 사방에서 곰팡이가 도사리고 있다. 알레르기 환자는 빨래도 밖에 널면 안 된다. 빨래에 곰팡이포자가 달라붙을 수 있기 때문이다. 퇴비더미는 집에서 멀찌감치 떨어진 곳에 만들고 알레르기 환자는 그 근처에 얼씬도 하지 말아야 한다. 잔디도 깎으면 안 된다. 물을 많이 먹는 식물은 화분이 곰팡이의 안락한 서식지가 될 수 있다.

균류의 포자는 어디에나 있고 거의 죽지도 않는다. 그래서 균류의 포자를 보고 있으면 과연 어디까지가 생식세포인지 헷갈릴 때가 많다. 물기 없는 파라오의 무덤에서 영락없이 죽은 듯 보이는 포자도 다른 환경으로 옮겨다 놓으면 금세 펄펄 살아나니 말이다.

도나 파울라의 국립 해양학 연구소 생물학자 찬드랄라타 라구쿠마르Chandralata Raghukumar의 연구팀은 약 10년 전 놀라운 사실을 발견했다.[8] 깊이가 6킬로미터에 가까운 인도양의 심해에서 아스페르길루스 시도이Aspergillus sydowii의 포자를 발견하였던 것이다. 포자들은 180,000년-430,000년 된 퇴적물에 싸여 있었다. 이 곰팡이 포자는 육지에서 살기 때문에 분명 바람에 실려와 해저 끝까지 가라앉았을 것이다. 학자들이 그 포자를 다시 육상으로 데리고 나와 맥아추출액과 갈락토오스 중합체 우뭇가사리로 만든 배양액에 넣었더니 다시 살아났다.

균류가 일용할 양식을 위협한다

그러니까 균류의 포자는 생존의 기술자이며 멀리멀리 떠다니는 여행가이다. 아마 큰 바다도 껌이라 생각할 녀석들이 많을 것이다. 그러다 보니 인류는 늘 균류의 포자로 인해 큰 문제들을 겪었다. 약 10년 전쯤 녹병균Puccinales 목의 맥류 줄기녹병균Puccinia graminis이 아프리카에서 파키스탄과 인도로 건너와 그곳의 밀밭을 엉망으로 만들었다. 이 줄기녹병균은

잎마름병이나 입고병을 일으키는 셉토리아 트리티시Septoria tritici나 밀황갈색반점병균Drechslera tritici-repentis과 마찬가지로 우리의 일용할 양식을 위협한다.

1970년대에 미국의 농학자이자 식물병리학자인 노먼 볼로그Norman Borlaug에게 노벨평화상이 돌아간 것도 다 그런 이유 때문이다. 그는 50년대 후반에 앞서 언급한 균류에 저항력을 가진 밀 품종을 개량하여 식량증산에 기여한 공으로 노벨평화상을 받았다. 그가 불러온 농업의 녹색혁명은 창창한 미래를 약속했다. 줄기녹병균 문제는 다 해결되었다고 믿었다. 하지만 생물 종은 쉽게 멸종되지 않는 법이다. 어떻게 하든 생존의 길을 찾는다. 역습은 1999년에 찾아왔다. 줄기녹병균의 위험한 종인 Ug99가 홍해를 건너 예멘에 등장한 것이다. 그 사실을 알고 경고를 한 사람도 노먼 볼로그였다. 그 균류가 바람을 타고 인구가 넘쳐나는 인도로 간다면 어떤 일이 일어나겠는가?

투포환선수, 수녀의 방귀는 포자를 뿌리는 방법

그렇다면 잠시, 포자를 퍼트리기 위해 균류가 개발한 기가 막힌 전략들을 살펴보는 것도 좋을 것 같다. 균류는 그 분야라면 정말로 입이 딱 벌어질 만큼 대단한 전문가들이기 때문이다.

공버섯Sphaerobolus stellatus은 크기가 몇 밀리미터에 불과하지만 포자꾸러미를 최대 6미터까지 날려 보낼 수 있다. 익은 갓이 터지면 속이 바깥으로 말려 뒤집어지면서 겨자씨앗 크기의 포자 총알을 허공을 향해 쏜다. 그래서 녀석의 영어 이름이 대포알 버섯인 것이다. 먼지버섯Bovist, puff balls 같은 말불버섯Lycoperdon 속은 접촉자극이 필요하다. 빗방울이나 동물이 녀석을 툭 건드리면 갈색 포자 구름이 일어난다. 그래서 흔히 민간에서는 이 버섯을 "수녀의 방귀"라고 부른다. "Bovist"라는 말 자체가 원래 초기 신고지독일어로 "vohenfist"이며 "여우의 방귀"라는 뜻이다. 속의 이름 역시 방귀의 세계에서 따왔다. Lycoperdon은 "늑대의 방귀"라는 뜻이다.

페니스처럼 생긴 말뚝버섯과 녀석의 친척들은 전혀 다른 전략을 택하였다. 녀석들은 바람이 아니라 곤충에게 지원을 요청한다. 균류의 세계에선 예외적인 경우이다. 말뚝버섯의 갓은 썩는 냄새를 풍기는 점액으로 덮여 있는데 그것이 곤충들을 유혹한다.

세계에서 제일 비싸다는 트러플 버섯 역시 동물 원군들에게 도움을 청한다. 지하에서 자라는 갓은 성페로몬 냄새를 풍겨서 동물들을 유혹한다. 그 냄새에 이끌려 달려온 멧돼지나 다른 짐승들이 버섯을 파헤쳐서 먹어치운다. 그런데 트러플 버섯의 포자는 소화가 안 되기 때문에 동물의 똥과 함께 몸 밖으로 배출된다. 역한 냄새를 풍기는 똥 무더기가 우리 인간들이 비싼 돈을 내고 사 먹는 그 버섯의 기원인 것이다.

작은 포자가 기록적인 크기로 자라다

은둔하여 몰래 숨어 있다가 갑자기 벌컥 문을 열고 나타나는 버섯의 능력은 예로부터 사람들을 매료시켰다. 더구나 버섯의 세계에선 작고 미미하게 시작한 것이 실로 엄청난 크기로 자랄 수가 있다. 세계에서 가장 큰 미국 오리건 주의 뽕나무버섯 이야기는 앞에서 이미 소개하였다. 하지만 녀석처럼 꼭 눈에 보이지 않는 땅속의 실타래만 그렇게 크게 자랄 수 있는 것이 아니다.

버섯갓 중에도 거인들이 많다. 비단그물버섯 속Suillus의 대표주자로 구주소나무의 파트너로 알려진 젖비단그물버섯

Suillus granulatus의 갓은 처음에는 반원 모양이다가 시간이 가면서 납작한 모자 모양이 된다. 대부분의 버섯 관련 서적에서는 이 갓의 지름이 많이 자라도 15센티미터 정도라고 소개한다. 그런데 크리스토퍼 핀들레이Christopher Findlay가 호주에서 발견한 비단그물 속의 버섯은 무게가 약 20킬로그램에 달했다. 1982년에 나온 그의 책에는 열 살쯤 되어 보이는 여자아이가 자기 어깨 넓이보다 더 큰 버섯 자루를 끌어안고 있는 사진이 실려있다. 사진이 없었더라면 그렇게 흔한 종이 그 정도 크기로 자랄 수 있다는 사실을 아마 아무도 믿지 못했을 것이다.

하지만 그 버섯이 언제 왜 그렇게 자라는지는 아무도 알 수가 없다. "조건이 이상적으로 들어맞았다"는 말은 지당하신 말씀이지만 크게 도움이 되지는 않는다. 조건이 맞아떨어져도 그 정도 크기로 자란 비단그물버섯을 아무도 목격한 적이 없기 때문이다.

흰개미버섯Termitomyces과 다른 거인들

그래도 다른 거인들은 자주 발견이 된다. 아프리카 사바나에서 가장 많이 만나는 거인 버섯은 흰개미 버섯Termitomyces titanicus이다. 세계에서 가장 갓이 큰 버섯 중 하나로, 갓의 지름이 최고 1미터에 달하며 자루의 길이도 최고 50센티미터에 이른다. 아시아 일부는 물론이고 호주와 뉴질랜드에서도 볼 수 있는 그물버섯의 한 종인 플레보푸스 마르기나투스 Phlebopus marginatus 역시 갓의 지름이 최고 100센티미터, 무게는 최고 29킬로그램에 도달할 수 있다.

중국의 많은 지역에서는 이 버섯을 즐겨 먹어서 양식을 시도해보기도 했다. 하지만 정작 가장 큰 버섯의 갓은 중국 남부의 숲에서 발견되었다. 쓰러진 나무의 아랫면에서 자라는 타원파란포자세균Phellinus ellipsoideus(중국어로 椭圆嗜蓝孢孔菌)이 그 주인공인데, 길이가 거의 11미터, 너비가 90센티미터, 무게가 500킬로그램에 달한다. 버섯의 나이는 2011년에 20살로 추정했다. 이 버섯은 2008년에 베이징 임업 대학교의 바오 카이 쿠이Bao Kai Cui와 유 쳉 다이Yu Cheng Dai가 포미티포라Fomitipora 종으로 분류하였다가 다시 기남포공균(嗜蓝孢孔菌)Phellinus 속에 포함시켰다. 사람들은 그 버섯을 (다른 많은 나무 버섯과 같이) 약제로도 사용될 수 있다고 추정한다.

중국에서 이 버섯이 발견됨으로써 그동안 1위를 달리던 영국의 유경공균(榆硬孔菌)Rigidoporus ulmarius은 그만 2위로 밀려

나고 말았다. 2003년 런던 큐 왕립식물원에 처음 모습을 드러냈던 이 버섯은 지름이 150센티미터, 둘레길이가 425센티미터였고 무게는 284킬로그램으로 추정되었다.

전나무에서 자라며 독이 있다고 알려진 북미의 나무 버섯 브리드게오포루스 노빌리시무스Bridgeoporus nobilissimus 역시 난쟁이는 아니다. 지름이 최고 2미터, 무게가 160킬로그램인 거인들이 더러 등장하여서 균류의 기네스북에 이름을 올렸다.

유럽에서 드물지 않은 꽃송이 버섯Sparassis crispa도 무게가 최고 4~5킬로그램까지 나갈 수 있다. 이 버섯은 침엽수에 기생한다.

과거의 기록에서도 거대한 버섯갓 이야기를 자주 만날 수 있다. 1711년 폴란드 남서부 돌노스키에에 살던 산림관 투로스초프Turoszów가 싸리버섯 두 개를 발견했는데 그중 하나가 거의 20킬로그램의 무게에 둘레길이가 2.55미터였다. 그는 그 버섯들을 손수레에 싣고 와서 마을 사람들과 나누어 먹었다. 지금 보면 정말이지 무분별한 행동이 아닐 수 없다.

"싸리버섯"은 산호처럼 생긴 다양한 버섯 종을 일컫는 총칭이다. 그중 많은 수는 황금싸리버섯처럼 어릴 때는 먹어도 되지만 자라면서 독성을 띨 수 있다. 백색끼싸리버섯Ramaria pallida이 대표적인데, 독일에서는 이것을 복통 산호 혹은 복통 싸리버섯이라고 부른다. 모든 것을 말해주는 이름이다. 붉은 싸리버섯Ramaria formosa처럼 목숨이 위태로울 정도로 위험한 독버섯은 아니지만 소화 장애를 일으킬 수 있다. 그날의 기록에는 그 마을 주민들이 그 싸리버섯을 먹고 무슨 일이 있었는지는 적혀 있지 않다.

관리의 슈니첼

독일 토종인 거인 버섯들 역시 식용으로 많이 쓰인다. 여름휴가철 기사거리가 궁해지면 지역 신문들은 자주 (최대한 어린) 아이들과 나란히 찍은 거인 먼지버섯의 사진을 이용한다. 독일 제국 시절에는 이 버섯을 "관리의 버섯"이라고 불렀다. 한 개만 있으면 네 식구 가족은 물론이고 이웃집 식구들까지 한 끼 식사로 넉넉했기 때문이다. 질소가 풍부한 땅에선 농구공만 한 갓이 몇 년 동안 같은 자리에서 계속 자랄 때도 많았다.

대부분의 슬라브족이 그러하듯 체코 사람들과 슬로바키

아 사람들은 버섯이라면 사족을 못 쓴다. 오래 동안 유럽 최대 먼지버섯이 보헤미아 (현재 체코에 포함되는 지역-옮긴이) 북부 지방에서 발견되었던 것도 놀랄 일은 아니다. 저자 스브르츠카Svrčka와 반츠리Vančury에 따르면 1955년에 발견된 거인 버섯은 불과 15일 만에 둘레길이가 212센티미터, 무게가 20.8킬로그램에 도달했다고 한다. 버섯의 나이를 정확히 알 수 있었던 것은 혹시 다른 버섯 채집꾼이 훔쳐 갈까 봐 버섯을 양 떼처럼 "지켰기" 때문이다. 그래서 버섯은 마음껏 자랄 수 있었고, 버섯이 다 자라자 두 마을의 주민들은 잔치를 열어 그 버섯을 구워 먹고 지져먹고 볶아먹었다고 한다. 앞서 언급한 나라들에서도 여러 저자들이 비슷한 크기의 버섯을 보았다고 기록하였다. 물론 50킬로그램의 먼지버섯을 나귀가 끄는 수레에 싣고 마을로 가져가서 먹었다는 스페인의 기록처럼 확인되지 않은 것들도 많다. 하지만 무게가 20킬로그램이 넘고 둘레길이가 2.5미터에 이르는 정도의 버섯은 많은 지역에서 보고가 되었다.

거인 먼지버섯은 한 개만 보아도 입이 딱 벌어진다. 그런 버섯이 집단으로 들판과 초지에 모여 있으면 그야말로 장관이 펼쳐진다. 희고 향기가 그윽하며 맛도 좋고 단백질 함량이 50%나 되어 영양도 만점인 이런 버섯은 다 자라면 어머 어마한 양의 포자를 생산한다. 이 종은 무려 60~70억 개의 포자를 만들기 때문에 균류 중에서도 가장 생산적인 녀석들이다. 다행히 모든 포자가 버섯으로 자라지는 못한다. 만일 다 자란다면 우리 지구는 몇 년 못가 먼지버섯으로 뒤덮여 버릴 것이다.

포자보다 갓

강수량과 기온은 물론이고 우리가 모르는 여러 요인들이 있겠지만 중부 유럽의 버섯은 빠를 땐 6월 중순이면 벌써 고개를 내민다. 하지만 아직은 조심조심 정탐을 하는 수준이다. 비는 안 내리고 무덥기만 한 여름이 올 수도 있다는 사실을 버섯들도 익히 알기에, 무작정 자라지 않고 일단 신중하게 살피는 것이다. 실제로 비가 통 오지 않아 버섯을 구경도 못 하는 해가 있다. 하지만 비가 많이 내리는 해엔 사방에서 버섯갓이 활짝 피어난다. 그렇다고 아무 데서나, 아무 때나 피는 건 아니다.

비를 빼고 어떤 요인이 버섯의 성장을 재촉하는지 아는 사람이 몇이나 될까? 어쨌건 버섯 전문가라면 수확량이 아무리

나쁜 해에도 20-40종 혹은 그 이상의 버섯 종을 채집할 수 있다. 그건 오직 얼마나 아느냐에 달려 있다. 버섯을 구분하자면 5감 중 4감을 동원하는 고도의 기술이 필요하다. 버섯의 갓을 구분하려면 보고, 냄새 맡고, 맛을 보아야 하며 더러 촉감까지 동원해야 하니 말이다.

맛은 아무나 보면 안 된다

맛을 보는 방법은 전문가에게만 추천한다. 야생 버섯 중에는 독성이 강한 녀석들이 많기 때문이다. 전문가들도 혀로 맛을 보거나 갓의 작은 조각을 입에 넣고 깨물어본 다음에는 바로 다시 뱉어낸다. 쓴맛그물버섯Tylopilus felleus은 이름처럼 쓴맛이 나기 때문에 누구나 맛을 보면 그물버섯과 쉽게 구분할 수 있다. 하지만 정말로 전문가가 아니고서는 도저히 구분할 수 없는 버섯들이 있다.

무당버섯 속Russula 버섯들은 전 세계적으로는 750종, 중부유럽에서만 160종이나 되기 때문에 좀처럼 구분하기가 힘들다. 전 세계적으로 200종, 중부유럽에서만 130종이 넘는 젖버섯 속Lactarius 버섯들도 마찬가지이다. 이 두 속은 가까운 친척이고 과(科)가 같지만 무당버섯은 젖버섯 속과 달리 유즙이 없다. 두 속의 종들 중에는 정말로 비슷한 녀석들이 많기 때문에 경험 많은 전문가들은 맛을 보고서 식용 가능성을 구분한다. 맛이 좋으면 식용이고 맛이 쓰면 식용이 아닌 것이다. 젖버섯도 마찬가지이다. 쓴맛이 나는 유즙은 단시간 안에 심한 소화기 장애를 일으킬 수 있다. 하지만 유즙이 맛이 좋은 경우에도 식용이 아닌 것들이 있다. 그러니 전문가가 아니라면 절대 야생버섯에 혀를 갖다 대서는 안 될 것이다.

향기의 축제

대신 버섯갓에 코를 대고 킁킁 냄새를 맡아보는 방법은 위험하지 않으니 적극 추천한다. 냄새를 맡아서도 위험한 독버섯을 구별해 낼 수 있으니 말이다. 가령 흰주름버섯Agaricus arvensis은 향긋한 아니스* 냄새가 나지만 아주 비슷하게 생긴 독성 있는 친척 노란주름버섯Agaricus xanthodermus은 불쾌한 페놀 냄새가 난다. 애광대버섯Amanita citrina은 쿰쿰한 감

*아니스 : 지중해 일대와 아시아에서 향신료로 사용하는 식물 - 옮긴이

자 싹 냄새가 나지만 그늘버섯Clitopilus prunulus은 밀이나 오이의 향과 맛이 난다. 선녀낙엽버섯Marasmius oreades은 일단 한 번 코에 대어본 사람이라면 눈을 감고도 녀석을 찾아낼 수 있다. 이 버섯은 향신료와 수프에 많이 사용되는데 들과 초지, 잔디밭, 정원, 공원, 빛이 많이 드는 숲에서 대량으로 자랄 수 있다.

하지만 인간의 후각은 다른 동물에 비하면 최고라고 할 수가 없다. 그래서 우리의 코는 자주 착각을 하고, 개인에 따라 후각 능력의 차이도 심하다. 게다가 버섯의 갓은 자라는 장소에 따라 냄새가 달라질 수 있다.

유럽에서 인기가 많은 밤버섯Calocybe gambosa은 독일어로 "봄버섯"이라 불리며 4월이 되면 벌써 고개를 내밀어 버섯 시즌의 개막을 알린다. 강한 밀 냄새가 특징인데 비슷하게 생긴 독버섯인 외대버섯Entoloma sinuatum 역시 밀 냄새를 풍기며 밀 맛이 난다. 하지만 전문가들의 코엔 시큼한 무 냄새나 들쩍지근한 불쾌한 냄새가 같이 느껴진다. 이노사이베 에루베센스Inocybe erubescens 역시 밤버섯과 닮았는데 어릴 때는 과일향이 나지만 늙어지면 들큼한 정액 냄새가 난다고 한다. 그러니까 이게 다 무슨 소리일까? 한 마디로 버섯을 진짜 진짜 잘 아는 사람이 아니고서는 코도 믿지 말라는 뜻이다. 밤버섯을 외대버섯하고 헷갈렸다가는 정말 무서운 일이 벌어질 수 있으니까 말이다.

버섯은 알록달록

버섯의 색깔도 식용버섯을 구분하는 방법이 될까? 답은 부정적이다. 버섯갓의 색은 정말이지 변화무쌍하기 때문이다. 장소, 짝을 맺는 식물, 물 공급량, 지역 특성, 빛의 양, 나이 등 여러 요인에 따라 같은 종도 전혀 다른 색깔의 갓을 만든다. 거기다 아예 처음부터 여러 가지 색깔의 갓을 만드는 버섯들도 많다. 하지만 아주 대놓고 계속해서 색깔을 바꾸는 종은 그리 많지 않은데, 대표주자가 제일 맛난 무당버섯 종 중 하나인 청머루무당버섯Russula cyanoxantha이다. 녀석은 6월에서 11월 초까지 유럽 전역의 활엽수나 침엽수 숲에서 자라는데, 색깔을 딱 꼬집어 말할 수 없는 것이 그 짧은 몇 달 동안에 갓 색깔을 심하게 바꾸기 때문이다. 푸른 회색에서 보라와 여러 가지 톤의 초록을 거쳐 진보라 색이나 바랜 색에 이르기까지 정말로 온갖 색깔이 된다. 인기 많은 조각무당버섯Russula vesca 역시 색깔 변화를 즐겨서 살색, 붉은 갈색, 올리브 갈색, 연보라, 붉은 갈색, 초록 등 실로 다채로운 색을 선보인다.

그렇지만 대부분의 버섯은 최소 35가지 다른 톤의 갈색(35%)이거나 29가지 다른 톤의 노랑(29%)이다. 놀라운 일이 아니다. 갈색과 노랑은 가을의 색이고, 유럽에선 가을이 버섯철이기 때문이다. 나머지 버섯 색으로는 9가지 다른 톤의 흰색(9%), 14가지 다른 톤의 회색(11%), 16가지 다른 톤의 붉은색(8%가 채 안 된다), 6가지 다른 톤의 검은색(2,6%)이 있고, 이어 보라, 초록, 오렌지, 분홍, 파란색이 비율 순서대로 그 뒤를 따른다. (1989년, 슈쿠블라).

버섯의 색깔이 얼마나 중요한 역할을 하는지는 식용인 주름버섯Agaricus과 독버섯인 광대버섯Amanita을 보면 알 수 있다. 주름의 색깔이 우리의 생사를 결정하기 때문이다. 아직 피지 않은 어린 주름버섯은 주름에 분홍이나 갈색 기운이 스며있지만 순백의 주름은 치명적인 광대버섯임을 알리는 확실한 신호이다.

열정적인 버섯의 친구라면 최대한 많은 종류의 버섯갓을 수집하고 싶을 것이다. 언제, 어디서 등장할지만 안다면 버섯 따기도 식은 죽 먹기일 텐데 말이다.

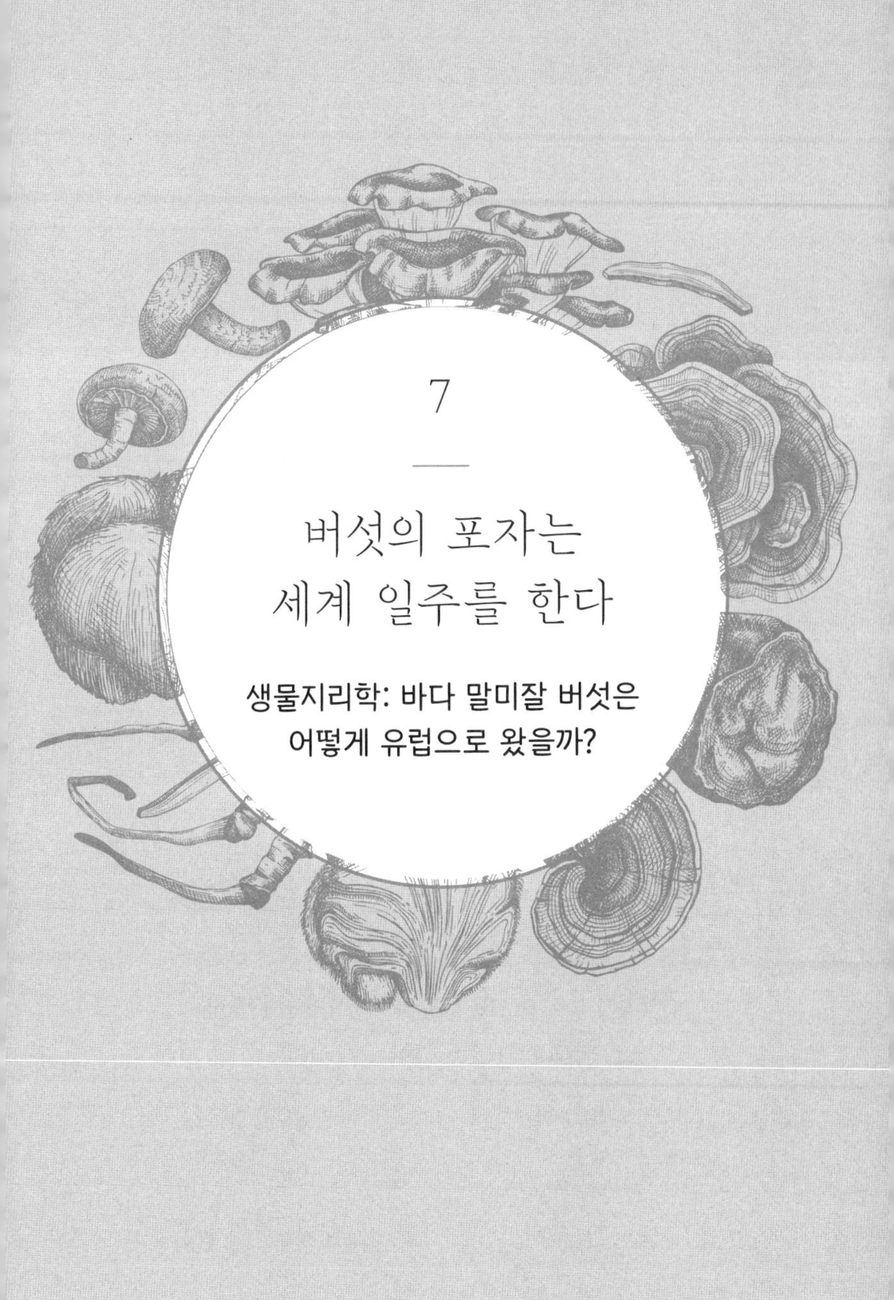

7

버섯의 포자는 세계 일주를 한다

생물지리학: 바다 말미잘 버섯은 어떻게 유럽으로 왔을까?

스위스에 둥지를 튼 외래종 버섯은 이미 300종이 넘는다.

가장 큰 걱정은 기생종이다.

그것들이 토종 식물을 감염시키고 유용작물에

큰 피해를 입힐 수 있기 때문이다.

베아트리체 젠, 스위스 연방 산림 · 눈 · 지형 연구소(WSL)

균류는 땅에서 주로 살지만 바다나 담수에도 널리 퍼져 있다. 또 앞에서 살펴본 것처럼 대기 중에도 떠다닌다. 북극에서 남극까지, 툰드라에서 열대 우림까지 우리는 세계 어디서나 균류를 발견한다. 이중 적지 않은 종이 어디서나 발견되지만 특정 기후대나 환경에서만 자라는 종들도 많다. 균류의 포자가 대양을 넘어서 날아갈 수 있다고는 하지만, 세상 모든 종의 균류가 세상 모든 곳에서 산다고 생각한다면 그건 틀린 생각이다. 균류의 생물지리학 역시 그렇게 간단하지가 않은 것이다.

과연 녀석들은 정확히 어떤 방법으로 퍼져나가는 것일까? 그걸 이해하자면 먼저 현대의 분자유전학적 방법이 지난 이십 년 동안 이와 관련하여 완전히 새로운 지식을 제공하였다는 사실을 미리 유념할 필요가 있다. 그리고 그 지식은 기후변화와도 관련이 깊기 때문에 몇 년 전부터는 균류의 지리적 분포를 연구하는 균지리학mycogeography이 학자들의 주 관심 분야로 부상하였다. 기후변화는 균류의 분포에 두 가지 변화를 몰고 왔다. 첫째 새로운 종들이 낯선 지역으로 이동할 수 있게 되었다. 둘째 갓의 형성 시기가 달라졌다. 그 말은 첫째 버섯 시즌이 더 일찍 시작되어 더 오래갈 수는 있지만 외래종 중에 우리가 모르는 독버섯이 있을 위험이 있다는 뜻이다. 둘째 겨울이 따뜻하여 나무 기생충들이 겨울에도 활동을 하고 새로운 식물 기생종이 널리 퍼져나갈 수 있다는 뜻이다. 이것만 보아도 이 주제에 더 많은 관심을 기울여야 할 이유는 충분할 것 같다.

균류의 분포 패턴

식물과 동물의 분포 한계선 연구는 이미 18세기부터 시작되었지만, 균류의 생물지리학에 대한 연구는 오랫동안 부정확하거나 오류로 가득했다. 초기에만 해도 학자들은 균류가 자생한다고 생각했고, 조금 후에는 조건이 맞으면 어디서나 자란다고 믿었다. 그 뒤로는 균류는 적절한 파트너(균근 균류)나 숙주 (기생 균류), 배양지 (부생 균류)가 있으면 어디서나 자란다고 생각했다. 따라서 버섯의 분포는 파트너의 분포만 보면 알 수 있다고 믿었다. 게다가 20세기까지도 대양이나 높은 산맥처럼 동식물의 분포를 막는 장애물이 균류에게는 해당되지 않는다고 생각했다. 수십억 개의 포자는 온갖 장애물을 넘어 멀리멀리 날아갈 수 있다고 말이다.

하지만 학문은 늘 새로운 깨달음으로 우리를 놀라게 한다.

균류의 분포도 예외는 아니어서, 최근의 과학은 모든 균류가 모든 장애물을 쉽게 뛰어넘을 수 있는 것은 아니라는 사실을 입증한다. 물론 기류를 타고 멀리 날아가는 포자도 있지만 균류의 다수가 그럴 수 있는 것은 아니다. 대부분의 포자는 대양이나 산맥 같은 큰 장애물을 넘지 못한다. 연구 결과를 보면 포자의 95%는 부모로부터 50센티미터 이상 가지 못한다. 당연히 분포도 한정적일 수밖에 없다. 그렇다면 균류 공동체의 구성과 분포패턴은 어떻게 결정될까?

다양한 요인의 모자이크

이 질문을 들으면 학자들은 한숨을 푹 내쉬면서 정말로 다양한 요인들에 좌우된다는 점을 강조할 것이다. 그리고 우리는 이제야 겨우 그 요인들을 조금씩 이해하기 시작했다고 말할 것이다. 일단 땅의 형성과 구성, 땅의 화학성분, 탄수화물과 질소 등의 순환이 그런 요인들일 것이다. 또 지질사와 생태, 고대기후의 발전은 물론이고 생태계에 미친 인간의 영향도 빠질 수 없는 주요 요인일 것이다. 특히 인간의 영향은 지금껏 우리가 생각했던 것보다 훨씬 역사가 길고 범위도 넓다. 인간은 수많은 식물과 동물을 지구 곳곳으로 이동시키면서 균류의 분포 확대에 크게 기여하였다.

역동적 시스템에서는 상호작용이 복잡하다

이처럼 아직 명확한 요인이 밝혀지지는 않았지만 균류의 분포패턴과 그 변화의 역동적 트렌드를 결정하는 몇 가지 비밀에 대해서는 점차 많은 것이 밝혀지고 있다. 1980년대 이후 중부유럽과 북유럽의 숲에서 버섯갓의 숫자가 감소하고 있으며, 버섯의 구성 역시 달라지고 있다. 영국에서 목격되듯 몇 가지 종은 아예 자취를 감추어버렸지만 병원균과 공생균들은 오히려 분포지역이 확대되고 있다. 나아가 갓이 만들어지는 시기와 주기도 달라지고 있다. 1년에 한 번이던 버섯 시즌이 두 번으로 변한 지역도 생겨난다.

이런 변화는 전 세계적 변화이며 우리 모두에게 지대한 영향을 미친다. 늘 동일한 특정 종으로 이루어지는 "안정된 생태계"가 줄어든다는 뜻이니 말이다. 생태계가 바뀌면 다시 균형을 회복하기까지 시간이 많이 걸린다. 새로운 상황에 적응하지 못해 도태되는 종들도 생겨난다. 당연히 토종이 외래종에게 쫓겨나는 경우도 있을 것이다. 하지만 그렇다고 해서 세상이 곧 망할 것이라며 겁에 떨 필요는 없다. 생태계에 대한 우리의 지식은 불완전하기 짝이 없다. 따라서 우리가 아는 몇 가지 종만 보고서 그것의 운명을 다른 종 전체로 일반화시켜서는 안 된다. 그럼에도 우리가 잘 아는 종들에 대해 조금 더 자세히 살펴볼 필요는 있을 것이다.

유전자 검사가 알려준 새로운 지식들

2015년에 나온 연구 결과가 그런 구체적인 사례일 것이다.[9] 연구 대상은 유럽에서 제일 유명하고 종도 제일 풍부하며 연구도 제일 많이 된 광대버섯 속Amanita이다. 광대버섯 속에는 알광대버섯Amanita phalloides과 광대버섯Amanita muscaria처럼 독성이 있는 버섯들도 있지만 민달걀버섯Amanita caesarea처럼 식용버섯도 있다. 현재 학명이 붙은 종만 해도 약 500종이지만 학자들은 최소 그만큼의 버섯이 더 있을 것으로 추정하고 있다. 독성이 있는 것으로 확인된 것은 100여 종이지만 확실히 먹어도 된다고 알려진 식용버섯은 50종에 불과하다. 850여 종에 달하는 나머지 종들에겐 의문부호가 찍혀 있다.

게다가 지난 20년 동안 만해도 전 세계에서 220종이 더 발견되었다. "모호한 형태"라고 부를 종이나 아종 및 변종들이다. 이 녀석들은 겉모습만 보아서는 절대 구분이 안 되기 때문에 반드시 유전자 검사를 거쳐야 한다.

실제로 유전자 검사가 놀라운 사실을 밝혀낼 때가 많다. 가령 알광대버섯은 1821년에 앞서 소개한 스웨덴의 식물학자 엘리아스 마그누스 프라이스가 유럽에서 발견하여 이름을 붙였다. 그런데 그 버섯이 19세기 이후에 북미에서도 종종 발견되었다. 유전자 연구 결과 그것이 북미로 넘어오게 된 원인은 인간이었다. 그뿐만이 아니었다. 알광대버섯은 인간을 따라 호주와 뉴질랜드, 남아프리카까지도 건너갔다. 어떻게 된 일일까?

지금까지 알려진 광대버섯의 종 대부분은 외생균근을 만들어 식물과 더불어 산다. 따라서 생태계에서 아주 중대한 역할을 맡는다. 앞에서도 설명했듯 중부유럽의 숲에선 이것이 가장 흔한 형태의 뿌리공생이다. 내생균근과 달리 균류의 균사가 파트너 식물의 세포 안으로 들어가지 않고 나무의 어린 뿌리 끝을 균사로 둘러 두꺼운 외투를 만든다. 그리고는 나무와 활발한 거래를 이어간다. 식물의 뿌리 끝은 방망이 모양으로 부풀어 오르면서 더 이상 뿌리털을 만들지 않는다. 뿌리

털이 하던 일을 균류의 균사체가 대신 맡아 땅속 저 깊은 곳으로 뚫고 들어가 영양소와 물을 빨아들여 나무에게 전해주기 때문이다. 균사가 이 외투에 머물지 않고 뿌리껍질의 세포외 공간으로 밀고 들어가 그곳에서 소위 균사망(hartig net)을 만들 경우 영양소 교환은 더욱 활발해진다. 균사망이 균류와 식물의 집중적인 물질 교환을 도와주기 때문이다. 나아가 균사의 외투는 다른 균류나 박테리아 같은 반갑지 않은 침입자가 미세한 뿌리 끝부분을 건드리지 못하게 잘 막아준다.

이런 형태의 균근은 자작나무, 너도밤나무, 소나무, 버드나무, 장미목 등의 나무에서 흔히 볼 수 있다. 파트너가 되는 균류는 대부분 그물버섯 목Boletales과 주름버섯 목 Agaricales의 담자균류Basidiomycota이고, 극히 희귀한 경우지만 트러플버섯 같은 자낭균문Ascomycota, 게오포라 숨네라아나Geopora sumneriana 같은 특수한 주발버섯Peziza vesiculosa 속 버섯들도 나무와 공생을 한다.

인간과 버섯의 보급

대부분의 식물 파트너들은 장소만 적당하다면 균류가 없

어도 잘 자란다. 하지만 균류가 없으면 자라지 못하는 식물들도 있다. 바로 이런 경우에 인간과 인간 기동력의 활약이 펼쳐진다. 인간이 숙주인 식물과 함께 균근 균류를 다른 장소로 실어가는 것이다. 자세한 내용은 알 길 없지만 광대버섯Amanita 역시 그런 방식으로 다른 지역으로 이동했을 것이다. 앞서 말한 알광대버섯 역시 이런 방식으로 세계 일주를 했기 때문에 지금껏 우리는 광대버섯의 원래 고향이 어디였는지를 알 수가 없다. 하지만 광대버섯 속은 중생대에 남반구의 곤드와나 대륙이 분리되기 전부터 존재했을 가능성이 높아 보인다.

지구를 떠돈 버섯이 광대버섯 속의 버섯들만은 아닐 것이다. 어느 날 갑자기 처음 본 낯선 외래종이 등장하면 언론은 우르르 달려들어 취재에 열을 올린다. "**기후온난화 탓에 낯선 촉수 버섯들이 솟아난다.**" 독일 일간신문 〈디 벨트〉에 실린 기사의 제목도 그랬다. 하지만 언론보도는 일반화를 즐기고 과학적으로 정확하지도 않다. 촉수를 움직여 먹잇감을 찾는 바다말미잘 버섯Clathrus archeri이 호주와 뉴질랜드에서 유럽으로 건너온 건 기후온난화가 아니라 인간 탓이기 때문이다. 인간들이 녀석을 무작정 끌고 왔다. 균류는 엄청난 양의 포자를 생산하기 때문에 이동 경로를 항상 정확히 추적할 수는 없다. 하지만 바다말미잘 버섯의 경우는 호주에서 수출한 양모를 따라 유럽으로 넘어온 것으로 추정된다. 1913년 이 버섯이 처음으로 프랑스 보주산맥에서 발견되었다. 당시 프랑스는 엄청난 양의 양모를 수입하였다. 그 후 그 균류가 점차 대륙 전체로 퍼져나갔다. 녀석은 널리 알려진 말뚝버섯과 친척이기 때문에 붉은 말뚝버섯의 갓이 그렇듯 어릴 때는 계란 모양이다가 외피가 찢어지고 뒤집히면서 붉은 촉수 모양의 갓이 솟아 나온다. 이때 사방으로 악취가 풍긴다. 인체에는 무해하지만 강아지가 그 버섯을 먹고 중독되었다는 견주들의 보고가 있었다. 아마 강아지 눈에는 썩은내를 풍기는 그 붉은 버섯이 밖에 좀 오래 놓아둔 고기 같아 보일 것이다.

기후변화와 버섯의 이동

말뚝버섯 무리에 또 한 종의 버섯이 들어와 힘을 보탠다. 지중해 연안에서 점점 더 북쪽으로 퍼져나가는 붉은바구니버섯Clathrus ruber이 바로 그 주인공이다. 녀석의 이동은 기후 온난화의 결과이다. 버섯은 보통 추위를 잘 견디기 때문에 신참에게는 그 지역의 평균 기온이 중요하다. 그런데 빙하가 줄어

드는 것만 봐도 알 수 있듯 중부유럽의 평균기온이 계속 상승 추세이기 때문에 많은 식물과 버섯의 분포 한계선도 계속 이동하고 있다. 북으로 더 올라갈뿐더러 고지대로도 퍼져나가고 있는 것이다.

그런데 균류가 새로운 지역으로 이동을 하게 되면 인간에게도 심각한 문제를 일으킬 수 있다. 아크로멜산의 함량이 상대적으로 높은 클리토사이베 아메놀렌스Clitocybe amoenolens가 대표적인 경우이다. 아프리카 지중해연안에서 살던 이 녀석은 점점 더 북쪽으로 이동하다가 유럽으로까지 진출하였고, 그로 인해 이탈리아와 프랑스에서는 이미 1979년부터 여러 건의 중독 사고가 발생하였다. 이 종이 전형적인 가을 식용버섯인 끝말림깔때기버섯Clitocybe flaccida과 닮았기 때문이다. 여러 번의 중독사고 끝에 1996년 이탈리아에서는 아크로멜산의 함량이 중독의 원인이라는 사실이 밝혀졌다. 클리토사이베 아메놀렌스를 먹으면 하루에서 일주일 후 피부가 심하게 아프고 붉어지거나 부풀어 오른다. 증상은 일주일 이상 지속될 수 있다. 많은 양을 섭취할 경우엔 생명이 위태로울 수도 있다.

열을 좋아하고 항상 목재에서 자라는 옴팔로투스 올레아

리우스Omphalotus olearius 역시 원래는 지중해 지역에서 살았다. 하지만 최근 들어 사정이 달라졌다. 꾀꼬리 버섯과 비슷하며 노랑에서 진한 황갈색까지 다양한 황색인 녀석의 갓이 알프스 북쪽까지 멀리 이동한 것이다. 녀석이 좋아하는 올리브나무는 없지만 유럽밤나무와 참나무 같은 다른 활엽수에게서 짝을 찾았기 때문이다. 이 버섯은 치명적인 독이 있는 것은 아니지만 그렇다고 해가 전혀 없지는 않다. 독물학자들은 가벼운 간 손상이 올 수 있다고 경고한다. 꾀꼬리버섯을 좋아하는 버섯 애호가들이라면 앞으로 더 조심해야 할 것이다.

포도를 위협하는 균류

균류의 이동이 몰고 오는 문제는 중독사고로 그치지 않는다. 외래종 균류는 전혀 예상치 못한 문제를 일으킬 수가 있다. 이름을 보면 알 수 있듯 지중해에 살던 포미티포리아 메디테라네아Fomitiporia mediterranea가 기후 온난화의 영향으로 북쪽으로 이동하면서 2002년부터 모젤 포도의 수확량을 대폭 감소시켰다. 물론 이 균류가 일으킨 것으로 추정되는 에스카Esca 병은 고대에도 발병 기록이 남아 있지만, 지금은 "독일 연방 농업 및 임업 생물 연구 센터(BBA)"에도 보고가 되고 있다. 에스카라는 이름은 라틴어로 "부싯깃"이라는 뜻이다. 이 균류에 전염된 포도나무가 시간이 흐르면서 부싯깃처럼 견고해지기 때문에 붙은 이름이다. BBA는 원인균으로 포미티포리아 속의 두 종을 지목하였다. 앞서 언급한 포미티포리아 메디테라네이아와 포미티포리아 푼크타타Fomitiporia punctata이다. 두 종이 백색부후* 현상의 원인균인 것이다. 어린 나무도 감염이 되는데, 병이 진행되면 다른 균류까지 끼어들어 해체 작업에 참여하게 된다. 하지만 이 포미티포리아 속의 두 종은 나중에야 참전하는 후발대라는 사실이 얼마 전에 밝혀졌다. 애초에 나무를 덮치는 균류는 따로 있어서 파에모니엘라 클라미도스포라Phaeomoniella chlamydospora가 그 주인공이다. 게다가 에스카 병에 걸린 포도나무에는 보트리오스파에리아 옵투사Botryosphaeria obtusa라는 제3의 버섯도 등장하여 혼란을 부추긴다.

외래종이 전부 병이나 중독을 일으키는 나쁜 침략자들인 것은 아니다. 지중해 활엽수림 (드물게는 침엽수림)에서 온 뿌리광대버섯Amanita strobiliformis은 향긋한 견과류 냄새가 나는

*백색부후 : 죽은 나뭇가지의 배 면에 백색을 띠는 특정의 균류가 기생하면서 조직이 썩는 현상 - 옮긴이

품질 좋은 식용버섯이다. 녀석은 다른 종과 헷갈릴 일이 거의 없고 어떤 이유에서인지 사람 곁을 맴돈다. 그래서 사람이 사는 주거지 근처의 공원, 도로변, 초지, 정원은 물론이고 도심한 복판에서도 출몰한다. 이 버섯은 위험한 종이 아니다. 그래서 독일 사람들은 이 버섯을 겁내기는커녕 멸종 위기 종 리스트에 올려놓았다.

우주로 향하는 균류

여행을 즐기는 균류의 취미에 대해서는 앞에서 이미 언급했지만 균류가 우주 연구에도 처음부터 참여했다는 사실은 아마 아는 사람이 별로 없을 것이다. 그렇다. 균류는 호모 사피엔스와 함께 저 먼 우주로 날아갔다. 무엇보다 구조가 단순하다 보니 생물학의 기본 문제 연구에 손쉽게 이용할 수 있기 때문이다. 당연히 우주 방사선과 무중력 상태의 영향력을 연구하는 데에도 균류는 매우 바람직한 생명체였다.

하지만 굳이 녀석을 데리고 가지 않으려 했어도 균류는 우주선에 제멋대로 탑승했을 것이다. 우주비행사들 스스로가 균류를 키우는 생물 정원이었을 테니 말이다.

그러니 우주여행은 항상 원치 않는 균류와의 싸움이기도 했다. 러시아 우주정거장 미르(MIR)는 구석구석 청소를 할 수도 없거니와 우주비행사들 역시 교육받은 전문 청소도우미가 아닌지라 케이블, 장치, 벽을 가리지 않고 곳곳에 박테리아와 균류가 둥지를 틀었다. 그리고 그것들을 식량 삼아 분해하였기 때문에 각종 기계가 부식되어 오작동을 일으켰다.

기술자들은 균류를 제어할 방법을 고민했다. 균류를 죽이는 화학제품으로 기계를 닦고 환기를 자주 시키고, 무엇보다 습도를 낮추었다. 균류는 습도가 70% 이하로 유지되면 성장이 크게 줄어든다.

우주선의 균류는 기계만 공격하는 게 아니다. 특히 끈질긴 곰팡이들은 우주비행사들의 건강마저도 위협할 수 있다.

엉킨 솜털이 있는 아스페르길루스 푸미가투스aspergillus fumigatus가 유력 후보자이다. 누룩곰팡이 속Aspergillus은 전 세계에 분포하며 350종이 넘고 생태적으로나 의학적으로 매우 중요한 곰팡이 속이다. 하지만 그중 몇 종은 동물이나 식물을 감염시킬 수 있는 병원균이다. 국제우주정거장(ISS)이건 미르 정거장(MIR)이건 우주정거장 역시 녀석의 공격 대상이다. 위스콘신 대학교에서 연구하는 벤저민 녹스Benjamin Knox

의 연구팀이 국제우주정거장의 필터와 표면에 사는 미생물을 조사했더니 총 200종의 박테리아와 균류가 검출되었다. 녀석들에겐 우주정거장도 참 살기가 좋은지 지구에 사는 친구들 못지않게 활기가 넘쳤고 일부는 더 독성이 강했다.

잠시 우주에 다녀왔으니 다시 우리가 사는 지구로 돌아가 보자. 몇몇 외래종 균류는 독성이 있다는 사실을 앞에서 배웠다. 이로써 우리는 소름 끼치는 주제에 도달하였다. 독성 균류가 일으키는 각종 위험한 문제들 말이다. 그 위험이 실제로 얼마나 큰지, 다음 장에서 자세히 알아보기로 하자.

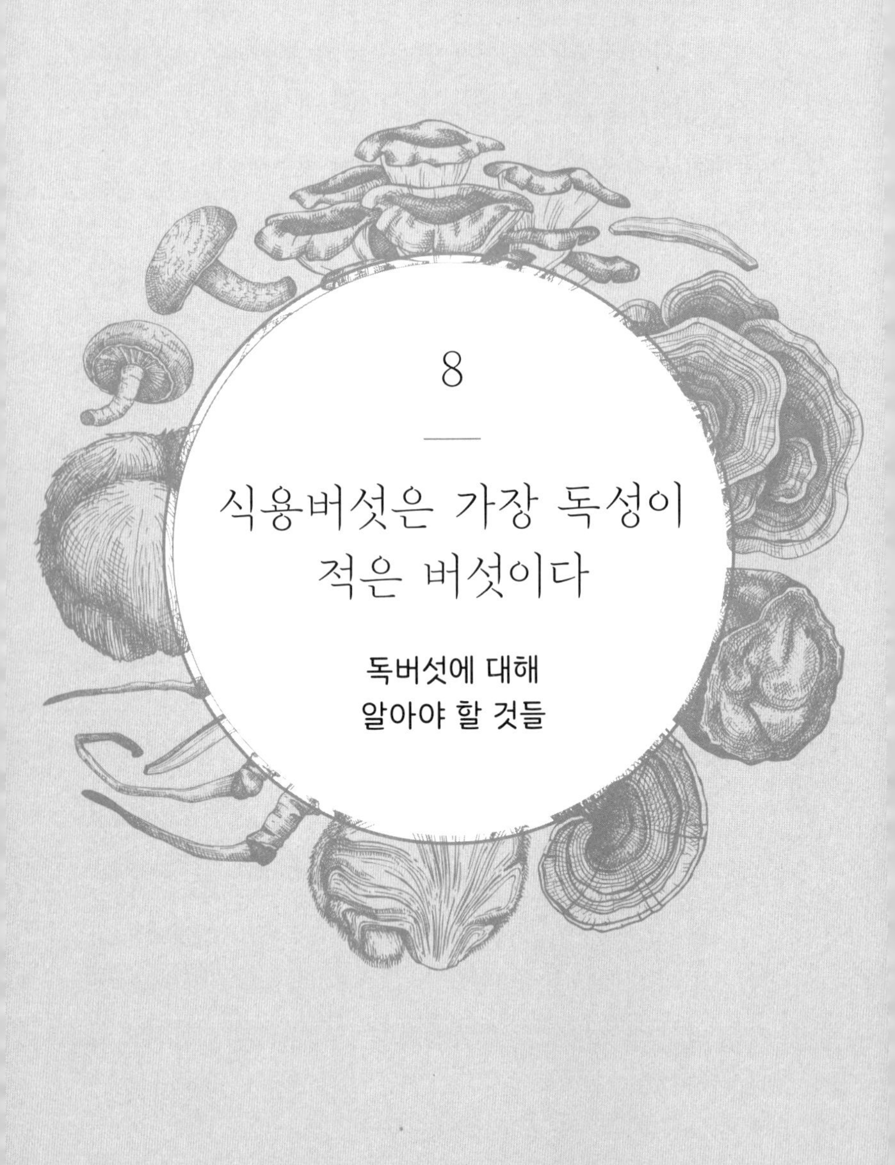

8

식용버섯은 가장 독성이 적은 버섯이다

독버섯에 대해 알아야 할 것들

잘난 척하는 인간의 마지막 말.

이 버섯은 독이 없어!

속담

독일 여성이 남태평양 섬에서 함수초(미모사) 들판을 걸은 후 알레르기 반응을 일으켰다. 돌아오는 비행기에서 그녀가 탈진을 하는 바람에 비행기는 뉴펀들랜드에 비상착륙했고 그녀는 그곳의 병원에서 16일 동안이나 치료를 받았다. 하지만 함수초를 무서워하는 사람이 몇이나 될까? 이렇듯 독성이 강한 동식물은 수없이 많은 데도 사람들은 유독 버섯만을 겁낸다.

유명한 그리스 의사 페다니우스 디오스코리데스Pedanios Dioscurides는 1세기에 이미 흑백논리를 펼쳐 세상에는 두 가지 종류의 버섯이 있다고 주장했다. "먹기 좋은 버섯과 치명적인 독을 품은 버섯." 그는 버섯의 독성이 버섯이 자라는 장소에 좌우된다고 추정했다. 녹슨 쇠나 썩은 천, 뱀이 사는 동굴, 독 열매를 매단 나무 옆에서 자라는 버섯은 모두 독성을 갖게 된다고 말이다. 지금 우리가 보면 말도 안 되는 소리지만 어쨌든 그 의사는 식용버섯도 과도하게 섭취하면 위장장애를 일으킬 수 있다는 사실을 이미 간파하고 있었다.

언제 어떤 버섯이 독성이 있을까? 그 후로도 오래 동안 인류는 이 질문의 답을 찾지 못했다. 아마 집에 낡은 버섯 책 한 권쯤은 다들 있을 것이다. 할아버지 때부터 서가에 꽂혀 있던 그런 고서들은 그림도 예뻐서 참으로 귀한 보물이지만 거기 실린 식용버섯 구별법을 무턱대고 믿었다가는 큰일이 난다. 책이 오래되었을수록 더 조심해야 한다. 동물이 한 입 베어 먹은 버섯갓은 독성이 없다는 잘못된 생각을 지금까지 믿고 있는 사람들이 많다. 은수저나 구리수저로 독버섯을 건드릴 경우 갈색으로 변한다거나, 독버섯에 닿으면 양파는 검게 변하고 계란은 은회색으로, 소금은 노란색으로 변한다는 말들도 안 믿는 것이 좋다.

버섯의 독을 연구하는 균독물학과 의학균학은 지난 20년간 엄청난 발전을 이루었다. 컴퓨터를 활용하는 분자생물학 및 생화학적 방법들로 우리 조상들은 꿈도 꾸지 못했을 지식을 얻어내었다. 그 결과 지금껏 무탈하다고 생각했던 균류에게서조차 기존 독버섯의 물질과 작용메커니즘이 전혀 다른 위험한 물질들이 발견되었다. 균류가 알레르기 반응을 일으킬 수 있다는 사실도 새롭게 밝혀진 사실이다. 하긴 요즘 같은 시대에 어떤 식품이 알레르기를 일으킬 수 없겠는가?

버섯의 독은 단순한 물질이 아닐 때가 많다. 수많은 휘발성 물질의 혼합이거나 반응을 하면서 달라지는 여러 물질들의 혼합일 수가 있는 것이다. 독일 연방위해평가원(BfR)은 지금까지 알려진 버섯중독 사건을 바탕으로 균류 및 균류가 불러오는 중독 증상들을 체계적으로 분류하였다. 당연히 가장 먼저 식용버섯이라 부르는 무독성 균류가 있고 이것들은 인체에 별 해를 끼치지 않는다. 버섯이 일으킬 수 있는 대표적인 부작용으로는 소화불량, 표고버섯피부염Shiitake dermatitis, 금빛송이Tricholoma equestre 신드롬, 위장 및 대장 장애가 있다. 며칠간 지속되는 구토와 설사는 버섯 중독 사고의 최고 40%에 이른다. 그 밖에도 주름우단버섯 Paxillus, 알광대버섯(팔로이데스Phalloides 신드롬), 마귀곰보버섯(자이로미트린gyromitrin 신드롬), 땀버섯(무스카린Muscarin 신드롬), 마귀광대버섯(판테리나Pantherina 신드롬), 광대버섯(아마니타 무스카리아Amanita muscaria 신드롬), 먹물버섯(코프리누스Coprinus 신드롬), 끈적버섯(오렐라누스Orellanus 신드롬)이 일으킨 중독 등이 있다. 환상버섯이 일으키는 실로시빈Psilocybin 신드롬도 빼놓을 수 없겠다.

버섯 살인은 생각보다 드물다

이렇듯 버섯은 언제라도 뭔 일을 저지를 수 있는 녀석이기에 애거사 크리스티는 이런 말을 했다. “어디선가 버섯이 익으면 형사는 자기도 모르게 귀를 기울인다.” 하지만 사실 알고 보면 버섯을 이용한 살인 사건은 그다지 많지 않다. 프랑스에서 20세기 초에 보험사기와 혼인빙자간음을 저지른 지라르라는 남자가 버섯을 먹여 여자들을 차례로 죽이거나 죽이려다 미수에 그쳤다. 당시엔 다들 애광대버섯을 친척인 알광대버섯과 마찬가지로 독버섯으로 알았다. 하지만 그건 틀린 생각이다. 애광대버섯의 작용물질은 부포테닌인데 환각작용을 하는 알칼로이드이다. 보통은 치명적이지 않고 가열하면 독성이 사라진다. 지라르는 버섯 지식이 불충분하여 이 두 종을 구분하지 못했을 것이다. 덕분에 많은 여성이 목숨을 건졌고 그는 단두대에서 생을 마감했다.

영국 범죄 통계를 보면 1837년에서 1838년까지 약 545건의 독물 살인이 보고되었다. 하지만 그중 4건만이 버섯을 이용했다. 프랑스의 경우 1851년에서 1872년까지 버섯을 이용한 독살은 단 한 건밖에 기록이 남아 있지 않다. 미국 개인 교사이자 균학자인 로버트 고든 와슨Robert Gordon Wasson, 1898~1986은 로마의 황제 클라우디우스, 교황 클레멘스 7세, 러시아의 여황제와 신성로마제국 황제 카를 6세 같은 유명인들이 광대버섯 독으로 독살되었다는 사실을 입증하려 애썼지만 수백 년 전의 범죄를 입증하는 것이 생각만큼 녹록지 않았다. 살인 무기로 사용된 버섯 독은 상상을 부추기지만 실제로는 확실한 증거가 없는 경우가 많다.

독은 용량의 문제

유명한 의사이자 연금술사였던 필리푸스 파라셀수스 Philippus Theophrastus Paracelsus, 1493~1541는 약학사에 길이 남을 명언을 남겼다. "모든 것이 독이고 독 없는 것이 없다. 어떤 것을 독이 아니도록 만드는 것은 오직 용량이다."

파라셀수수의 이 말은 버섯의 독성에도 그대로 적용할 수 있다. 버섯은 독버섯과 독 없는 버섯이 있는 게 아니다. 모든 버섯에는 많건 적건 독성이 있다. 따라서 버섯이 독성 물질을 어느 정도 함유하고 있는지, 그중 어느 정도의 양을 우리가 섭취하는지가 관건이다. "그러므로 식용버섯은 가장 독성이 적은 버섯인 것이다." 실제로 모든 버섯이 다양한 경로로 중독 사고를 일으킬 수 있다. 가령 신선하지 않거나 저장을 잘 못했거나 충분히 익히지 않을 경우 독버섯이 될 수 있는 것이다.

한 마디로 요약하면 이렇다. “식용버섯이란 충분히 오래 익히고 적당한 양을 섭취할 경우 장애나 중독을 일으키지 않는 버섯이다.”

식용버섯 중에도 날것 상태에서는 조금만 먹어도 독성을 일으킬 수 있는 것들이 많다. 마귀그물버섯Rubroboletus satanas이 대표적이다. 이 버섯은 날것으로 먹을 경우 독성이 아주 심해서 조금만 먹어도 금방 느낄 수가 있다.

셀프 실험은 절대 하지 마세요

인터넷에는 이 아름다운 마귀그물버섯에 독성이 있다는 말은 거짓이라는 정보가 떠돌아다닌다. 그런 말에 절대 현혹되어서는 안 된다. 그런 아마추어의 사이트보다는 전문서적이나 정식 과학 사이트에 실린 정보를 찾아보는 편이 훨씬 유익할 것이다. 마귀그물버섯의 독에 대해 조사를 하다 보면 볼레사틴Bolesatine이라는 단어를 금방 만나게 될 것이다. 그것은 몇십 년 전만 해도 아직 아무도 몰랐던 독성 클리코프로테인이다. 이 마귀그물버섯의 독성물질은 온도의 영향을 많이 받는다. 그래서 20분간 가열하면 독성물질 대부분이 사라진다. 전 유럽에서 열광적인 균학자들이 셀프 실험을 통해 밝혀낸 사실이다.

그러니 이제 다시 한번 독의 정의를 요약해 보자. **"독은 자연에서 등장하거나 인위적으로 제조된 물질로, 특정 양과 특정 조건에서 생명체의 몸으로 들어간 후 유해, 파괴, 치명적인 작용을 하는 물질이다."** 파라셀수스가 이 정의를 들었다면 아마 박수를 치며 동의했을 것이다.

현대의 "전문가"를 조심할 것

슬로바키아 균학자 라디슬라프 하가라Ladislav Hagara는 세계에서 가장 두꺼운 균류 분류 책[10)]을 쓴 저자인데, "버섯을 제멋대로 분류하는 용감한 무식꾼들이 있다"며 한숨을 쉰 적이 있다. 요즘 사람들은 스마트폰에 앱 하나 깔고서 무작정 숲으로 들어간다. 그리고 닥치는 대로 버섯을 따서 집에 가져와서는 스마트폰으로 사진을 찍어 버섯 친구들이라 자처하는 SNS 그룹에 올리면서 묻는다. "친구들, 이게 무슨 버섯인지 알아?" 물론 그러다 자칫 전문가를 자처하는 그룹 회원에게 조롱을 받을 수도 있다. 큰갓버섯처럼 크기도 큰 데다 누구나 바로 알 수 있는 흔한 버섯을 올렸으니 말이다.

나는 이런 방식으로 버섯과 안면을 트려는 사람들이 싫다. 꼭 그렇게 마구잡이로 버섯을 뜯어야 할까? 그러다 못 먹는 버섯이란 걸 알고 나면 바로 쓰레기통에 갖다 버린다. 버섯을 가르치고 더불어 자연 존중을 가르치는 강연이나 버섯 투어 같은 것이라도 만들어야 하는 게 아닐까? 버섯을 많이 땄다고 자랑하는 (어떨 땐 차 트렁크 한가득 싣고 왔다는 말도 들은 적이 있다) 말을 들으면 정말로 속이 상한다. 사실 독일의 경우 몇몇 지역에서는 그것이 위법행위이기도 하다.

어쨌든 버섯에 관해 아는 것이 없다면 인터넷만 믿고 무작정 "탐험"에 나서는 짓은 삼가야 한다. 알고 보면 당신보다 더 아는 것이 없는 사람이 올린 글일 수도 있다.

버섯중독 통계는 헷갈려

버섯이 중독의 위험이 있는 것은 사실이지만 흔히 생각하듯 그렇게 위험한 것은 아니다. 버섯갓 몇 개만 먹어도 죽을 수 있지만 그렇다고 공포에 떨 필요는 없다는 말이다. 분명한 것은 버섯을 먹고 죽은 사람보다는 독뱀에게 물리거나 촌충에 감염되거나 낙마 사고로 죽는 사람이 훨씬 더 많다는 사실이다. 전 세계에서 해마다 개에 물려 죽는 사람은 25,000명이며 모기로 인한 사망자는 100만 명에 육박한다. 독일 연방위해평가원(BfR)에 따르면 지난 몇십 년 간 버섯에 중독되어 죽은 사람은 "불과" 2~4명이라고 한다. 물론 공개되지 않은 수치는 5~10배 더 높을 것으로 추정한다.

그렇다면 왜 정확한 통계가 어려운 것일까? 대부분의 나라에서 믿을만한 역사 통계자료가 없기 때문이다. 물론 특정 시대, 특정 지역에서 실시한 개인적인 연구 결과들은 있겠지만 그것들마저 완전하지는 않다. 연구자마다 다 다른 수치를 이야기하기 때문이다. 어떤 연구 결과는 광대버섯 중독으로 인한 사망 비율을 10~15%로 추정하였지만 다른 연구 결과는 약 32%라고 주장하며 또 다른 연구는 사망자 100명 중 63명이 광대버섯 중독이라고 주장한다.

체코와 슬로바키아로 분리되기 이전의 체코슬로바키아 공화국은 균학의 전통이 깊은 나라였다. 그래서 지금의 체코는 물론이고 슬로바키아에도 세계 정상의 균학자들이 많다.[11] 당연히 이 두 나라에서 나온 통계들 중에는 재미난 것들이 많다. 그에 따르면 해마다 약 300명이 버섯에 중독되고 그중 20명이 사망한다. 물론 수치는 연구자마다 달라서, 연간 중독숫자가 최고 1850명에 이른다고 주장하는 경우도 있다.

중독사고의 원인은 대부분 마귀광대버섯이지만, 치명적인 사고의 경우는 또 대부분이 알광대버섯 탓이다. 슬로바키아에서 1975년 한 해에만 알광대버섯을 먹고 25명이 목숨을 잃었다. 보다 정확한 통계 자료를 보면 1974년에서 1979년까지 버섯으로 인한 중독 사고는 총 182건이었지만 실제 독버섯으로 인한 사고는 66건에 불과했다. 나머지는 날것으로 먹으면 독성이 있는 버섯을 충분히 익히지 않았거나 너무 오래된 버섯갓을 먹었기 때문이다.

스위스 균학 협회는 1919년부터 알려진 모든 버섯 중독 사고와 관련하여 자료를 수집하였다. 그 자료를 바탕으로 장크트갈렌 출신의 균학자 아들러는 1960년에 ≪1919에서 1960년까지 40년 간 스위스에서 발생한 버섯 중독≫이라는 제목의 책을 펴냈다. 그에 따르면 1919년에서 1960년까지 스위스에서 정확히 1,980명이 버섯에 중독되었고, 그중 96명이 사망하였다. 가장 많은 중독 비율인 14.5%, 사망의 경우 30%가 알광대버섯 탓이었다. 알광대버섯은 버섯을 잘 모르는 사람들이 흰 색깔만 보고 주름버섯하고 헷갈리기가 쉽기 때문이다.

과거 동독 지역에도 1962년과 1977년에 나온 두 건의 믿을 만한 통계 자료가 있다. 거기서도 가장 중독 사고를 많이 일으킨 범인은 마귀광대버섯이었지만, 치명적인 중독 사고의 경우 역시나 알광대버섯이 원인이었다. 마귀광대버섯이 위험한 것은 식용이 가능하고 맛도 좋은 붉은점박이광대버섯Amanita rubescens과 닮았기 때문이다. 학명에 붙은 형용사 *rubescens*는 녀석의 갓에 붉은빛이 돌기 때문이다. 마귀광대버섯은 붉지 않고 대신 무 냄새가 난다. 식용인 누더기광대버섯Amanita franchetii도 무 냄새가 나고 붉은빛이 돌지 않기 때문에 마귀광대버섯하고 헷갈리기 쉽다. 하지만 아직 독성이 있는지 확실히 밝혀지지 않은 광대버섯들이 많기 때문에 광대버섯을 보면 함부로 손을 대지 않는 것이 좋다. 더구나 기후온난화의 영향으로 따듯한 지역에 살던 버섯들이 대거 북쪽으로 진출하고 있기 때문에 경험 많은 버섯 전문가들조차도 헷갈리기 십상이다.

마귀곰보버섯은 식용인가?

폴란드 사람들 역시 버섯을 좋아하기 때문에 폴란드에는 버섯 중독에 관한 믿을만한 자료가 많다. 1953년에서 1957년까지 포즈난 지역의 총인구는 220만이었는데 그 기간 중 319

명이 버섯에 중독되었다. 사망률은 10%에 달했다. 여기서도 범인 1위는 광대버섯이었지만 2위가 예상 밖의 인물이었다. 유럽과 북미에 널리 퍼진 마귀곰보버섯이 바로 그 주인공이었던 것이다. 오랜 시간 사람들은 이 버섯을 식용으로 생각했지만 잘못 먹으면 자칫 치명적인 결과가 일어날 수도 있다. 광대버섯 중독과 매우 흡사한 마귀곰보버섯 신드롬이 나타날 수 있는 것이다. 특히 이 경우는 잠복기간이 매우 길다는 특징이 있다. 먹은 지 6~12시간이 지난 후에 구토나 통증, 설사 같은 증상이 나타난다. 잠시 증상이 완화되다가 다시 통증이 심해지는 경우도 많다. 하지만 그때쯤이면 중독이 너무 진행되어 심각한 간 손상이 올 수도 있다.

마귀곰보버섯의 학명 *Gyromitra esculenta*은 조금 설명이 필요한 이름이다. 학명을 지을 때는 기본 규칙이 있다. 학명의 뒷부분인 종명은 나중에 종의 이름이 바뀌어도 처음 이름을 지은 사람이 붙인 대로 두는 것이 일반적이다. 마귀곰보버섯의 종명인 *esculenta*는 "식용가능"이라는 뜻이다. 이름을 붙일 당시에는 아직 버섯의 독성을 몰랐기 때문에 이런 이름을 붙였던 것이다. 물론 대부분의 버섯 애호가들이 라틴어를 잘 모르겠지만 하필이면 치명적인 독을 가진 녀석에게 이런 이름이라니! 마귀곰보버섯의 영어 이름은 *false morel*, 가짜

곰보버섯이다. 실제로 마귀곰보버섯은 예로부터 인기가 높은 식용버섯인 곰보버섯 속Morchella과 많이 닮았다. 하지만 자세히 들여다보면 마귀곰보버섯의 갓은 사람의 뇌처럼 꼬인 모양이지만 곰보버섯 속의 버섯들은 표면이 벌집모양으로 풍풍 뚫렸다. 게다가 마귀곰보버섯의 갓은 3월부터 벌써 고개를 내밀어서 곰보버섯보다 몇 주는 더 앞선다. 위험한 것은 녀석만이 아니다. 독버섯인 베르파 보헤미카Verpa bohemica 역시 곰보버섯은 물론이고 마귀곰보버섯하고도 무척 닮았다.

러시안룰렛

마귀곰보버섯은 과거 소련 지역에서도 엄청나게 많은 중독 사고를 일으켰다. 1953년의 기록을 보면 버섯중독의 최고 45%가 녀석의 책임이다. 아마도 이 버섯이 평소 독성을 잘 발휘하지 않기 때문일 것이다. 녀석의 독성 물질은 자이로미트린Gyromitrin으로, 온도 변화에 민감하고 휘발성이다. 따라서 오래 익히면 해가 없다. 동유럽에선 이 버섯을 조리할 때 미리 끓는 물에 두 번 데쳐 헹군다. 그래서 요리를 하는 사람은 수증기를 들이마셔 중독이 될 수 있지만 그 요리를 먹는 가족은 아무 문제가 없다. 이 버섯의 건조 역시 일종의 "러시안룰렛"이다. 똑같이 말린 마귀곰보버섯을 먹어도 괜찮은 사람이 있는가 하면 토하는 사람도 있고 심지어 목숨을 잃는 사람도 있다. 치명적인 양과 그렇지 않은 양의 차이가 극도로 미미한 데다 먹는 사람의 체질에 따라서도 달라진다. 이 버섯이 암을 촉진하는 작용을 한다는 의심도 지울 수 없고, 복잡한 알레르기의 원인이라는 주장도 있다. 그래서 독일어권에서는 마귀곰보버섯을 치명적인 독버섯으로 분류한다.

핀란드 사람들의 생존전략

버섯 문외한 번역자의 실수가 낳은 재미난 에피소드가 있다. 2010년 오스트리아 신문 〈디 프레세〉에 이런 기사가 실렸다. "위험한 번역 실수에도 요리 책 한 권이 핀란드에서 오래오래 팔리고 있다. 로드릭 딕슨이 쓴 《최고의 샐러드 1000》에는 마귀곰보버섯 감자 샐러드 레시피가 실려 있다. 마귀곰보버섯은 잘 조리하지 않으면 강한 독성이 있다. 그런데 책에는 독성을 없애려면 반드시 두 번 데친 후 갓을 잘 씻어야 한다는 설명이 들어 있지 없었다. 영어 원본에 실린 레시피가 마귀곰보버섯이 아니라 곰보버섯 감자 샐러드였기 때문이다. 핀란드 출판사는 책을 전량 회수하고 인터넷에 경고 설명을 올렸다."

하지만 이상하게도 이 감자샐러드를 먹고 중독되었다는 신고가 전혀 들어오지 않았다. 아마도 핀란드 사람들의 마귀곰보버섯 사랑 때문일 것이다. 핀란드 사람들은 독성이 있는데도 이 버섯을 워낙 좋아해서 시장이나 식품점에서도 쉽게 살 수 있다, 물론 판매자는 구매자에게 올바른 조리 방법을 설명하게 되어 있다. 덕분에 마귀곰보버섯은 번역자의 실수에도 아무 문제를 일으키지 않았던 것이다.

버섯 중독에 관한 놀라운 통계 자료들 중에는 1945년 이전에 나온 헝가리의 자료도 포함된다. 그곳에서 해마다 500~600명이 중독되고 그중 30~80%가 사망했다고 한다. 엄청나게 높은 사망률이 아닐 수 없다. 전쟁이 끝난 후엔 연간 중독자수가 100~200명으로 줄었고 사망률 역시 다른 나라들의 평균치와 비슷한 10%대로 떨어졌다. 1945년까지 수치가 높았던 것은 아마도 시대상황 탓이 컸겠지만 특별한 버섯 탓도 있었다. 동유럽과 남동유럽에선 뽕나무버섯이 식용버섯으로 사랑을 받는다. 하지만 실제 뽕나무버섯 속에는 구분이 무척 힘든 작은 종들이 많이 포함된다. 약 30종은 전 세계에 분포하고 7종 이상이 유럽에서 자라지만 독성 여부는 아직 명확하게 밝혀지지 않았다. 이 균류는 일단 등장했다 하면 정말이지 우르르 떼거지로 몰려서 자란다. 이 곰팡이가 자라면 거대해진다. 어쨌든 뽕나무버섯은 날로 먹으면 독성이 있어서 장애를 일으킬 수 있다. 잘 익혀서 먹어도 예민한 사람들은 심한 위장장애를 겪는다. 아마 1945년 이전에 헝가리에서 중독 사고가 잦았던 것은 이런 여러 가지 요인이 결합된 탓일 것이다. 즉 위험한 버섯이 대량으로 자랐을 것이고 먹을 것이 부족했으며 버섯에 대한 사람들의 지식도 부족했던 것이다. 따라서 중독 사고가 많았고, 체질이 허약한 사람들은 견디지 못하고 목숨을 잃었을 것이다.

광대버섯, 마귀그물버섯, 그 밖의 범인들

2010년 독일 연방위해평가원(BfR)의 자료에는 12건의 심각한 광대버섯 중독 사고가 기록되었다. 2006년의 자료는 더 정확해서 마인츠, 본, 괴팅겐, 에르푸르트, 뮌헨의 독극물정보센터에 총 1,704건의 중독 사고가 보고되었다. 가장 많은 중독 사고를 일으킨 10대 범인을 꼽아보면 광대버섯 (3건의 사망 사고가 보고되었다), 환각버섯, 주름버섯 (가장 많이 먹는 약한 독버섯 중 하나이다), 뽕나무버섯, 마귀광대버섯 (사망사고도 발생했다), 광대버섯, 쓴그물버섯 (도저히 먹을 수 없을 정도로 쓴 데 대체 왜 먹는 것일까?), 말똥버섯, 주름우단버섯 (사망 사고도 발생했다), 뒤붉은색갈이그물버섯이다.

광대버섯은 알려진 것과 달리 가장 독성이 강하지는 않지만 버섯 중독 사고를 가장 많이 일으키는 범인이다. 그런데 광대버섯을 먹고 중독이 된 사람들은 어떻게 회복되는 것일까? 이 질문의 답을 찾아보기로 하자.

절대 따라 하면 안 되는 미친 셀프 실험

오래전부터도 자연과학자와 의사들은 광대버섯의 독을 해독하는 물질을 열심히 찾았다. 광대버섯의 독은 팔로톡신의 대표격인 팔로이딘인데, 어른이 몸무게 1킬로 당 0.1밀리그램만 먹어도 치명적이다. 그런데 신선한 광대버섯 10~15그램이면 이미 그 정도 양의 독이 들어 있다. 광대버섯 중독을 주제로 삼아 최초로 학술 연구결과를 발표한 사람은 스위스 생물학자 가스파드 바우힌Gaspard Bauhin, 1560~1624이었다. 또 독을 추출하려는 노력은 18세기부터도 있었지만 결정 형태로 독을 분리할 수 있게 된 것은 20세기에 이르러서였다.

학자들의 열정이 과하다 못해 도를 넘는 경우도 없지 않았다. 1851년 프랑스에서 제라르라는 사람이 균학회 회원들 앞에서 식구들과 함께 알광대버섯 요리를 먹었다. 그전에 그는 버섯을 썰어 두 시간 동안 식초에 담갔고 다시 물에 씻은 다음 30분 동안 조리했다. 이어 협회 회원인 카데트Cadet 박사는 이 가족이 모두 무사하다고 확인하였다. 하지만 실험 결과를 발표하지는 않았다. 사람들이 보고 알광대버섯을 따라먹을까 봐 걱정이 되었기 때문이다.

하지만 제라드의 실험은 1974년 프랑스 의사 피에르 아드리앵 바스티앵Pierre Adrien Bastien, 1924~2006이 실시한 셀프 실험에 비하면 세발의 피에 불과했다. 바스티앵은 공증인을 불러놓고 직접 50그램이 넘는 알광대버섯을 먹었다. 치명적인 독을 자기 몸으로 집어넣는 것이다. 낭시의 병원으로 실려 온 그가 목숨을 구할 수 있었던 것은 자신도 참여하여 제조한 약 덕분이었다. 그러나 이 대담한 모험에 보인 동료들과 언론의 반응은 생각처럼 크지 않았다. 이에 바스티앵은 1976년 다시 같은 실험을 반복했고 알광대버섯 중독에 대처하는 자신만의 치료법을 공개하였다. 그는 특히 다량의 비타민 C 섭취를 권했다. 하지만 이번에도 학계는 그가 바라는 만큼 큰 반응을 보이지 않았다. 그래서 그는 1981년에 TV를 비롯한 여러 언론매체를 스위스 제네바로 불러 카메라 앞에서 15분 동안 버터에 볶은 알광대버섯 70그램을 먹어치웠다. 8시간 후 중독증상이 나타나기 시작했지만 그는 이번 실험도 무사히 견뎌냈고, 덕분에 아마도 세계 유일일 것 같은 기록을 달성하였다. 세 번이나 알광대버섯을 먹고도 살아남은 유일한 인간이 된 것이다. 이번에는 언론이 그가 바라던 만큼 큰 반응을 보여서 절대 따라 하면 안 될 그의 실험은 전 세계로 널리 널리 보도되었다.

광대버섯 치료법

알광대버섯을 먹고도 죽지 않는 사람이 있는가 하면, 거뜬히 소화시키는 동물들도 있다. 왜 그런 것일까? 알광대버섯의 독을 소화하는 능력은 독을 분해하는 특정 효소 덕분이다. 인간, 유인원, 기니피그는 조류와 마찬가지로 그 효소가 충분하지 않아서 위험하다. 쥐는 우리보다 10배 더 많은 독을 소화할 수 있다. 하지만 아무리 그래도 토끼의 소화능력을 쫓아갈 동물은 없을 것 같다. 토끼는 알광대버섯을 아무리 먹어도 거뜬히 소화해 낸다. 사람들은 1950년대부터도 그 사실을 치료에 활용하여 중독된 환자에게 토끼 뇌와 위장으로 만든 약을 먹였다. 하지만 허약해진 환자가 이런 약을 위장에 담고 있을 수 있었을 것 같지는 않다. 다행히 요즘의 치료법은 전혀 다른 모양새이다. 알광대버섯 중독은 화급을 다투는 응급상황이기 때문에 즉각 집중치료가 필요하다. 일단 위세척을 하여 독을 제거하고 약용탄, 하제를 투약하며, 아마니틴이 간세포로 들어가지 못하도록 실리빈을 먹인다. 또 안티트롬빈 III와 FFPfresh frozen plasm로 치환치료를 하고 신부전을 줄이기 위한 혈액투석과 혈액관류를 실시한다. 그래도 간부전이 올 경우엔 간이식밖에는 달리 방법이 없다.

음흉한 "작은 갈색 버섯들"

알광대버섯이 위험하다는 건 버섯을 잘 모르는 사람들도 다 아는 사실이다. 하지만 땀버섯 속 버섯들처럼 평범하게 생긴 버섯의 위험은 모르는 경우가 대부분이다. 땀버섯 속 버섯들은 나무나 다른 식물의 외생균근 공생 파트너이지만, 가령 땀버섯 속 버섯인 이노사이베 에루베센스Inocybe erubescens는 무스카린 함량이 높아서 가장 위험한 독버섯 중 하나로 꼽힌다. 특히 금방 딴 상태에서는 무스카린 함량이 0.037%를 넘기 때문에 악명 높은 독버섯인 광대버섯 속 버섯보다도 무려 200배나 더 많다. 따라서 땀버섯은 알광대버섯처럼 50그램 정도만 먹어도 치명적일 수 있다. 그런데 무스카린 중독 증상은 알광대버섯 중독과 달리 잠복기간이 길지 않다. 먹는 도중에 벌써 나타나기도 하고, 아무리 늦어도 2시간이면 이미 증상이 나타난다.

그러니 버섯을 따러 갈 때는 무엇보다 땀버섯이 인기 높은 밤버섯Calocybe gambosa과 무척 닮았다는 사실을 명심해야 할 것이다. 유럽의 경우 이 두 종의 버섯은 5월 중순이면 벌써 모습을 드러낸다. 가장 확실한 구분법은 식용인 밤버섯의 경우 밀 향이 뚜렷하다. 따라서 이런 특징을 잘 알고 후각이 좋은 사람이라면 확실히 구분할 수 있을 것이다. 1963년 예전의 동독 지역에서 80살의 원예사가 땀버섯을 밤버섯인 줄 알고 엄청나게 따다가 동네 식당에 팔았다. 식당주인은 그 버섯을 이틀 동안 보관했다가 33명에게 팔았다. 33명 모두 목숨은 부지했지만 버섯을 먹은 후 여러 가지 고초를 겪었다. 법원은 원예사에게는 후한 판결을 내렸다. 그가 고령인 점을 들어 무죄를 선고한 것이다. 하지만 식당 주인에게는 유죄를 선고했다.

이렇듯 땀버섯은 마음대로 먹어서는 안 된다. 땀버섯 속은 각양각색의 색깔을 가진 수천 개의 종을 거느리고 있다. 그중 대다수가 농도 차이는 있지만 무스카린을 함유한 독버섯들이다. 그러므로 이 "작은 갈색 버섯들"이 겉보기에 평범하다고 해서 금방 구분할 수 있다고 자만해서는 안 될 것이다. 설사 현미경이 있다 해도 포자를 보고 구분하면 된다는 생각 역시 자만이다.

알광대버섯보다 더 독한 아플라톡신과 맥각균의 알칼로이드

알광대버섯이 세계에서 가장 독성이 높거나 위험한 버섯이 아니라는 점은 누차 강조하였다. 가령 300 종 이상을 거느리며 전 세계에서 널리 자라는 에밀종버섯 속Galerina 역시 알광대버섯과 비슷한 수준의 독성을 갖고 있다. 또 인도네시아 산인 갈레리나 술시셉스Galerina sulciceps는 알광대버섯보다 훨씬 독성이 높으며, 북미에서 가장 독성이 높은 버섯은 긴독

우산광대버섯Amanita bisporigera이다. 하지만 진짜 문제는 이런 위험한 친구들이 아니라 아플라톡신Aflatoxin이다. 아플라톡신은 수많은 인간과 동물의 목숨을 앗은 여러 가지 물질의 집단인데, 그중 지금껏 알려진 물질은 약 25가지이다. 아플라톡신 B_1은 고도로 위험하며 암을 유발하는 것으로 알려져 있다. 이 킬러물질들을 만드는 장본인은 전 세계에서 발견되는 곰팡이균인 아스페르길루스 플라부스Aspergillus flavus와 아스페르길루스 파라시티쿠스Aspergillus parasiticus이다. 이 독소는 특히 25도에서 40도의 고온에서 잘 만들어진다. 따라서 아열대나 열대 지방에서 곰팡이가 농작물을 덮치는 경우 아플라톡신 중독 사고가 일어날 위험이 높다.

아플라톡신은 소위 2차 대사물질이다. 식물, 박테리아, 균류가 만들어내는 그런 2차 신진대사산물은 그것이 생산자의 성장이나 생존에 필수적이지 않을 것 같기에 더욱 정체가 묘연하다. 식물은 대체 왜 그런 물질을 만드는 것일까? 확실하게 밝혀진 것은 없지만, 다만 그런 물질들이 항생작용을 하고 생물학적 기능 조절에 관여하거나 신호물질이기 때문에 경쟁하는 유기체를 방어하는 데 사용되는 것은 아닌가 추측할 뿐이다.

아플라톡신이 특히 위험한 경우는 땅콩가루를 함유한 상

업용 사료이다. 2013년에 발생한 사료 스캔들 때도 판매 제품에 대량의 아플라톡신이 들어 있었다. 하지만 옥수수, 쌀, 빻은 아몬드, 피스타치오, 곡물제품 등도 더운 지방에서 보관을 잘못할 경우 치명적인 곰팡이가 쓸 수 있다. 치사량은 성인 몸무게 1킬로그램 당 1~10밀리그램이다.

호밀이나 벼를 공격하는 맥각균Claviceps purpurea의 알칼로이드 역시 아플라톡신에 버금가는 무서운 독이다. 독일에서도 1985년 맥각균이 들어있는 뮤즐리를 먹고 중독사고가 발생했고, 각 연방주에서 실시하는 곡물제품의 임의추출검사에서도 건강에 해로울 정도의 알칼로이드가 자주 발견되었다.

맥각균과 안토니우스의 불

맥각균은 자낭균문Ascomycota에 속한다. 감염 여부는 보라색에서 검은색에 이르는 색깔의 맥각이 형성되면 알 수 있는데, 이 맥각을 균학자들은 균핵sclerotium이라고 부른다. 균핵은 균사체가 서로 엉켜서 딱딱하게 굳은 균사덩어리로 추위와 가뭄을 잘 이겨낼 수 있다. 균류는 이런 형태로 오랜 시간 살다가 조건이 좋아지면 다시 깨어난다. 맥각균의 알칼로이드는 산통을 유발하기 때문에 일찍부터 산파들이 많이 사용했다.

얼마나 많은 사람들이 이 균류 때문에 목숨을 잃었는지는 아무도 모를 일이다. 하지만 치사량의 알광대버섯에 중독되어 목숨을 잃은 사람 수의 10만 배는 거뜬히 넘을 것이다. 밀 대신 호밀을 심는 지역에선 어디서나 이 균류로 인해 큰 재앙을 겪었다. 여러 자료에 따르면 943년에 프랑스와 스페인을 필두로 유럽 전역에서 최고 4만 명의 목숨을 빼앗은 범인도 맥각균이었고, 독일의 경우 이미 857년에 한 차례 맥각균 전염병이 온 나라를 휩쓸고 지나갔다.

중세 사람들은 이 증상을 전염병으로 생각해서 그것에 성화(聖火)라는 뜻의 "ignis sacer" 혹은 "안토니오의 불"이라는 이름을 붙였다. 15세기 유럽에선 370곳의 병원이 수 천 명에 달하는 안토니오의 불 환자를 치료했지만 사실상 치료방법이 없었다. 안토니오회가 특히 환자 치료에 열과 성을 다했다. 이 전염병에 대한 공포가 얼마나 컸던지는 지중해 지역 곳곳에서 지금까지 유지되는 민간풍습만 보아도 잘 알 수 있다. 가령 이탈리아 사르데냐에선 해마다 "안토니오의 불Focolare di Sant·Antonio" 축제가 열린다. 종교의식으로 질병과 불행을 물리치려는 인간의 노력이었다.

당시 사람들이 맥각균으로 인해 겪었던 그 엄청난 고통은 지금 우리로서는 도저히 상상도 할 수 없는 수준이었다. 이 균에 든 독성 알칼로이드, 즉 에르고타민은 급격한 혈관수축을 몰고 온다. 그럼 내장에 피가 돌지 않을 뿐 아니라 뇌에도 피가 부족해져서 환각증상이 일어난다. 또 사지가 차가워지고 무감각해지며 마침내는 몸이 썩어 들어간다.

베아테 뤼티만Beate Ruettimann은 이렇게 설명한다. "발이나 손이 뜨거워지면서 통증이 불꽃처럼 덮치다가 결국 괴저로 넘어가서 외과의사가 손발을 자르거나 손발이 절로 떨어져 나간다. 상상할 수 없을 만큼 고통스러운 뜨거운 단계는 살을 갉아먹고 파먹으며, 차가운 단계에는 뼈마저도 마비된다."

빵을 먹고 죽다

곰팡이가 쓴 곡물과 전염병과도 같은 이 질병의 연관성은 이미 고대 학자들도 짐작하였지만 전염병이 지나가면 사람들은 금방 다시 잊어버렸다. 따라서 각 나라들이 유럽 전역을 공포에 빠뜨린 이 전염병을 예방하기 위해 엄격한 곡물 정화법을 제정한 것은 18세기에 와서였다. 1850년 무렵에 처음으로 실시했던 학술 연구들은 맥각균의 성장주기를 밝히는 데 큰 공을 세웠다. 그럼에도 재앙은 20세기까지도 멈추지 않았다. 1926년과 1927년 소련에서 맥각균 중독사고가 발생하였다. 공식적인 발표에 따르면 맥각균이 쓴 빵을 먹고 11,000명이 목숨을 잃었다.

지금까지 우리는 위험한 균류와 그것의 독이 일으킨 사건들을 살펴보았다. 다음 장에선 오래도록 버섯 채집꾼들의 좋은 친구라 믿었던 균류들에게로 눈길을 돌릴 것이다. 다들 알 것이다. 오랜 친구라고 해서 무조건 믿어서는 안 된다는 것을.

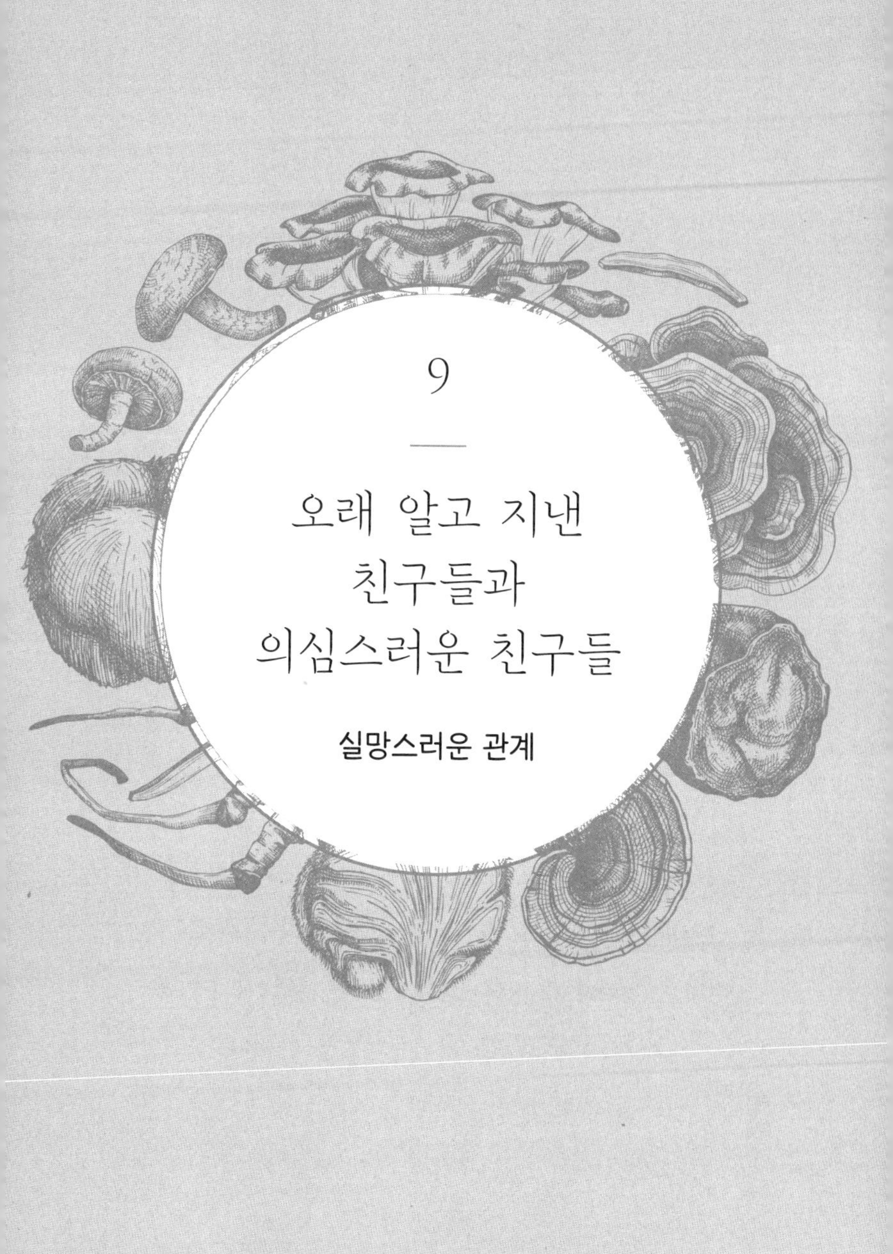

9

오래 알고 지낸 친구들과 의심스러운 친구들

실망스러운 관계

독버섯일까 아닐까?

흥미로운 질문이다.

답을 찾다 보면 아마도 식용버섯과 독버섯의

경계선상에 있는 버섯이 여전히 엄청 많다는 사실을

알게 될 것이다. 그래서 소화기 장애를 일으키는 버섯도

사람에 따라서는 아무렇지 않을 수 있다.

로타르 크리글슈타이너, pilzkunde.de

앞에서 살펴본 대로 인간은 오래전부터 버섯과 어울려 살았다. 한 마디로 오래 알고 지낸 막역한 사이인 것이다. 그렇지만 친하게 지낸 지 너무 오래되어서 그 집 숟가락 숫자까지 다 안다고 믿었던 친구도 하루아침에 등을 돌릴 수 있는 법이다. 철석 같이 믿었던 친구의 변심 앞에서 어찌할 바를 모르고 멍하니 서 있는 날이 올 수 있는 것이다.

인간관계에서 얻은 교훈은 우리의 균류 친구라고 해서 예외가 아니다. 오랜 친구라고 믿었던 균류가 알고 보니 병원균이거나 재수 없는 놈이었다.

이런 극적 드라마가 일어나는 건 다 과학의 발전 덕분이다. 균학은 균사체와 갓의 세상에 얽힌 온갖 관계들을 찾아낸다. 덕분에 신비에 찬 지하 세계에서 연일 새로운 사실들이 드러난다. 그러다 보면 결국 우리가 만나는 많은 균류가 지금껏 생각했던 것과는 전혀 다르다는 사실이 밝혀질 것이다. 버섯의 친구들은 묵은 확신을 털어내고 변화의 길로 나서는 데 일가견이 있는 사람들이다. 버섯과의 관계에서도 과거의 틀을 벗어나 새로운 것을 맞이하고 때로 과감하게 작별을 고할 수 있어야 하기 때문이다.

소리 없는 킬러, 주름우단버섯Paxillus involutus

이런 현실을 가장 잘 보여주는 균류가 바로 주름우단버섯이다. 녀석의 갈색 갓은 어릴 때는 가장자리가 심하게 안으로 말려들어간다. 수많은 활엽수 및 침엽수와 공생하며 널리 자라는 이 외생균근 균류가 날 것으로 먹으면 문제가 생긴다는 건 진즉부터 알려진 사실이었다. 버섯에 함유된 헤몰라이신과 헤마글루티닌이 심한 토사곽란을 일으켜 치명적 결과를 초래할 수 있기 때문이다. 하지만 익혀 먹으면 식용이 가능하다. 1960년 초반부터도 이미 그 버섯을 먹고 원인불명의 중독사고가 발생하였다는 소식이 자주 들렸지만, 일반 대중이 그것의 위험성에 주목하고 버섯 관련 서적에도 경고 메시지가 실리기까지는 그 후로도 한참 더 시간이 걸렸다.

내가 어릴 때만 해도 다들 주름우단버섯을 먹었다. 워낙 향이 좋은 데다가 굴라쉬* 비슷한 음식을 만들 수도 있기 때문에 사람들은 주름우단버섯을 그물버섯보다 더 좋아했다. 하지만 실제로 이 버섯을 먹고 죽은 사람들이 적지 않을 것으로 추정된다. 친척도 의사도 아마 사망원인을 파악하지 못

*굴라쉬 : 소고기, 각종 채소와 향신료를 넣어 푹 끓여낸 헝가리 전통음식 - 옮긴이

했을 것이다.

주름우단버섯은 소리없는 킬러이기 때문이다. 아주 느릿느릿 움직여서 몇 달, 심지어 몇 년 후에 사람을 죽인다. 1971년 하노버에서 이 버섯을 먹고 두 건의 중독 사고가 발생했다. 그 후 한 의학 연구 팀이 주름 우단 버섯 중독의 메커니즘을 밝히는 데 성공했다. 주름우단버섯의 중독 작용은 다른 독버섯들과 전혀 다르다. 오랜 세월 사람들이 녀석을 무탈한 식용버섯으로 생각했던 이유도 바로 그 때문이었다. 주름우단버섯이 일으키는 팍실러스 신드롬은 대부분 이 버섯을 여러 번 먹었을 때 나타난다. 또 그냥 독성이 아니라 알레르기가 원인인데, 그로 인해 환자의 혈액에서 항체가 형성되고 적혈구에 면역 복합체가 쌓여 적혈구가 해체된다. 그 결과 “빈혈”이 생기며 그 상태가 몇 년 넘어 계속되면 치명적인 일이 일어날 수 있는 것이다.

깔때기버섯 속

내가 어렸을 땐 사람들이 늦여름과 가을에 깔때기버섯 속 Clitocybe의 버섯들을 많이 땄다. 이 버섯 속의 문제점도 해마다 자꾸 늘어나는 추세이다. 깔때기버섯 속의 버섯들에는 치명적일 정도의 무스카린이 들어 있다. 문제는 어떤 것이 위험한지를 거의 구분할 수 없다는 데 있다. 깔때기버섯 속은 종이 많아서 백여 종에 가깝고 유럽에만 50종이 자란다. 따라서 전문가가 아니면 구분이 불가능하다. 게다가 분자생물학의 분석 결과들마저 속의 경계가 모호하다는 결론을 내놓았다. 그러니 깔때기버섯 속의 버섯들 역시 앞서 살펴본 "작은 갈색 버섯들"처럼 대하는 것이 최선이다. "전문가가 아니라면, 주름의 색깔이 흰색에서 황갈색이며 크기가 중에서 대까지인 하얀 버섯을 보거든 아예 손을 대지 말아야 한다." 설사 전문가라도 현미경으로 조사를 하지 않는 한 확실히 구분할 수 없다. 색깔이 어둡게 변할 때는 특히 조심해야 한다. 원형을 이루며 무리 지어 자라는 경우가 많은 회색깔때기버섯Clitocybe nebularis은 먹어도 아무 이상이 없는 사람이 있는가 하면 먹고 심한 중독을 일으키는 사람도 있다. 이 종에서 열에 강한 독성 물질 네불라린Nebularin이 추출되었기 때문이다. 버섯 전문가인 로타르 크리글슈타이너는 말한다. "회색깔때기버섯은 소화기 장애를 일으킬 수 있다. 물론 먹고 아무 이상이 없는 사람들도 있지만 그래도 권하고 싶지는 않다."

송이 속

어둠의 자식들을 많이 거느린 버섯 속은 깔때기버섯만이 아니다. 가령 송이 속Tricholoma도 유럽에만 50종, 전 세계적으로는 200종에 이르는 많은 자식이 있다. 그중 적지 않은 종이 의심의 눈길을 받고 있고, 확실히 독성이 밝혀진 종도 많으며, 심지어 거북송이Tricholoma pardinum처럼 무서운 맹독을 품은 종도 몇 개나 된다.

"좋은 버섯"의 식용가치에 대한 의견이 변할 수 있다는 것은 한때 엄청난 인기를 끌었던 금빛송이Tricholoma equestre의 사례가 잘 보여준다. 10년 전만 해도 전문가들이 앞장서서 금빛송이가 식용가능하며 맛도 좋다고 칭찬을 했다. 그런데 요즘 나온 한 의학 정보지에는 이런 글이 실려 있다.[12] "1992년에서 2000년까지 프랑스에서 금빛송이버섯을 먹고 12명이 심각한 중독 증상을 일으켰고 그중 3명이 사망하였다 …… 프랑스 학자들의 연구 결과를 보면 그 버섯은 예민한 특정 사람들에게서 횡문근융해증을 일으킬 수 있다." 횡문근융해증이란 골격근, 심근, 횡격막 같은 가로무늬근육이 괴사 되는 증상을 말한다. 물론 그사이 버섯이 중독 작용을 일으키려면 유전적 소인이 있어야 한다는 사실이 밝혀졌지만, 이 사례는 무탈하다고 생각했던 오랜 친구버섯도 함부로 믿어서는 안 된다는 또 하나의 경고 메시지일 것이다. 다음의 사례도 마찬가지이다.

그물버섯을 따라온 교활한 손님

어릴 적 늦여름과 가을에 숲에 들어가서 많이 땄던 버섯 중 하나가 마른해그물버섯Xerocomellus chrysenteron이다. 녀석을 딸 때는 살짝 시큼한 진한 맛이 도는 어리고 단단한 것만 골라야 한다. 늙은 갓은 금방 곰팡이가 피기 때문에 건드리지 않는 것이 좋다고 배웠기 때문이다. 그것 말고는 별 다른 의심을 품지 않았다. 그런데 체코의 한 균학자[13]가 마른해그물버섯을 심하게 비난하고 나섰다. 버섯갓에 균열이 생기면 곧바로 이 버섯에 기생하는 자낭균문인 황분균Hypomyces chrysospermus이 쓴다는 것이다. 문제는 이 버섯의 갓이 대부분 다 갈라진다는 데 있다. 그러다 보니 버섯의 친구들이 불안을 느껴 인터넷에서 격론을 벌이기도 했지만 버섯 사랑은 극도로 감정적인 사안이다. 이 버섯이 위험하다는 인식은 이웃나라로까지 번져나갔지만 아직 일반 버섯 안내서에까지는 침투하지 못했다.

문제는 황분균의 대사물질이 독성이 있고 암을 유발한다는 의심을 받는다는 데 있다. 따라서 마른해그물버섯 자체는 악의가 없더라도 반갑지 않은 손님이 따라다니므로 너무 익은 버섯을 먹을 경우 황분균의 독에 중독될 수가 있다. 그럼 어째야 할까? 대부분의 버섯 전문가들은 완전 아기 버섯만 딸 것이며 또 너무 많이 먹지 말라고 충고한다.

샹피뇽, 그 행복하고 길었던 관계는 끝인가?

내 어린 시절의 균학은 정말로 단순한 세상이었다. 초원과 숲과 들판은 물론이고 우리 집 마당에까지 한가득 버섯이 피었다. 한두 개가 모습을 드러내면 금방 우르르 따라 친구버섯들이 고개를 내밀었다. 그림책에나 나올 법한 예쁜 버섯들이 말이다. 프랑스 말인 샹피뇽이라는 이름으로 더 많이 알려진 주름버섯Agaricus은 전 세계를 통틀어 가장 유명하고 가장 많이 소비되는 버섯이다. 영양전문가들 사이에서 녀석은 단연 스타였다. 지방함량이 1% 미만이며 단백질은 불과 4% 지만 필수아미노산이 많고 비타민K, D, E. B와 니아신이 풍부한 데다 칼륨, 철, 아연 같은 미네랄도 다량 함유하고 있기 때문에 지방과 탄수화물이 적은 건강한 영양식의 대표주자로 손꼽혔다.

하지만 균사가 뿌리내린 장소가 버섯갓의 맛과 향에 지대한 영향을 미친다는 사실을 나는 어린 시절에 이미 직접 경험한 바 있다. 정말 동화책에나 나올 법한 예쁜 샹피뇽을 농가 근처에서 따서 집으로 가져왔다. 그 기쁨은 말할 수 없을 정도였다. 하지만 버섯을 프라이팬에 넣어 볶기 시작하자 온 집안이 소똥 냄새로 뒤덮였다. 버섯 관련 책을 읽고서야 그 이유를 깨달았다. "샹피뇽은 숲, 초지, 정원, 스텝에서 (거름을 한) 흙이나 두엄더미의 양분을 먹고 산다." 그러니까 녀석은 주변의 향을 그대로 빨아들이는 성향이 있는 것이다. 그동안 버섯이라면 모르는 것이 없다고 자신만만했는데 그날 나는 또 한 번 새로운 깨달음을 얻었다.

양의 탈을 쓴 늑대. 샹피뇽 무리에 섞인 흰알광대버섯 Amanita phalloides var. alba

부모님은 일찍부터 힘주어 강조하셨다. 잘 모르고 샹피

뇽인 줄 알고 흰알광대버섯을 땄다가는 진짜로 큰일이 날 것이라고 말이다. 흰알광대버섯의 형제인 알광대버섯 Amanita phalloides은 살짝 초록색이 감돈다. 하지만 흰알광대버섯은 순백색이다. 샹피뇽과 흰알광대버섯의 어린 갓은 조금만 떨어져서 봐도 거의 구분이 안 된다. 따라서 가까이 다가가 정말로 신중하게 살펴야 한다. 땅에 박힌 자루가 신발을 신은 것처럼 아래가 불룩한가? 그럼 절대 손대지 마라. 주름과 어린 갓이 눈처럼 흰가? 그럼 그건 흰알광대버섯이다. 갈색이나 장밋빛이 살짝 감도는가? 그렇다면 그건 샹피뇽이다. 어린 갓의 냄새가 불쾌하다면 알광대버섯이고 아니스 향이 살짝 맴돌며 향긋하다면 샹피뇽이다.

부모님은 8살 무렵부터 귀에 못이 박히도록 그 구분법을 들려주셨다. 항상, 정말 언제라도 정확히 관찰하라고 말이다. 많은 버섯 안내서가 하얀 형태의 알광대버섯은 특정 계절과 특정 장소에서만 나타난다고 주장한다. 하지만 나도 두 번이나 수백 개의 샹피뇽 무리에 섞여 홀로 자라는 흰알광대버섯을 발견한 적이 있다. 한 종의 버섯이 무리를 지어 자라면 사람들은 그 사이에 나쁜 놈이 몰래 숨어들 것이라고 전혀 생각지 못한다. 흰알광대버섯도 바로 그 점을 노리는 것이다.

노란주름버섯Agaricus xanthodermus

소똥 냄새를 풍기던 그 샹피뇽만이 아니었다. 다른 주름버섯들도 자주 내게 실망을 안겼다. 10살 무렵이었을 것이다. 나는 모든 주름버섯이 향이 좋지는 않다는 사실을 알고 큰 충격을 받았다. 범인은 바로 노란주름버섯이었다. 노란주름버섯은 순진무구한 천사의 흰옷을 입은 악한이다. 특히 녀석이 야생 샹피뇽 바로 옆에서 많이 자라는 지역에선 가장 잦은 중독 사고의 원인이 된다.

한 의학백과사전은 노란주름버섯의 중독 증상을 이렇게 적었다. "대부분은 2~4시간 후, 드물지만 6시간 후에 구토, 구역질, 설사, 복통이 일어나며 몇 시간 증상이 지속된다. 드물지만 현기증, 가려움증, 입 주변과 얼굴이 붉어지는 증상이 추가로 나타나기도 한다." 하지만 이런 중독 사고는 아주 손쉽게 예방할 수 있다. 노란주름버섯은 식별이 쉽기 때문이다. 이 녀석은 화학약품 냄새를 풍긴다. 그렇지만 나는 언젠가부터 이 악취 샹피뇽과 타협을 했다. 사실 주름버섯 속은 200종 이상의 자식을 거느리는 대가족인 데다 독일에만 60종이 자란다. 그러니 200마리의 양 떼에 검은 양이 한 마리쯤 섞여 있다 한들 뭐 어떠랴? 그렇게 생각하고 말았다.

하지만 검은 양은 주름버섯 혼자가 아니다. 학명 *Agaricus praeclaresquamosus*을 발음하기 참 힘든 광비늘주름버섯(혹은 노란대주름버섯)은 물론이고 아가리쿠스 파에올레피도투스Agaricus phaeolepidotus, 기둥주름버섯Agaricus pilatianus, 톱니주름버섯Agaricus romagnesii 등도 문제아들이다. 이 녀석들은 특히 자루나 밑동, 좀 자라서는 눌린 자리에 노란 얼룩이 생기기 때문에 상대적으로 구분하기가 쉽지만, 주름버섯이라면 모르는 것이 없다던 내 어릴 적 자신감은 점차 이 속의 많은 대표주자들이 발휘하는 위장 실력에 대한 어른의 존경심으로 바뀌어가는 중이다.

아가리틴은 암을 유발하는가? 암을 막는가?

최근 들어 주름버섯의 세상에 새로운 단어 하나가 등장했다. 그 단어가 공포와 충격은 물론이고 또 한 편에서는 열광을 불러일으켰다. 그 단어는 바로 아가리틴이다. 일각에서는 주름버섯 속의 버섯 모두가 가지고 있는 이 물질, 더 정확하게 말하면 그것이 소화되면서 생겨나는 분해산물이 암을 유발한다고 주장한다. 반대편에 선 아시아의 학자들은 아가리틴이 항암작용을 하고 백혈병세포를 막아준다고 주장한다. 그렇다면 이제 어떻게 해야 할까?

이 문제를 최대한 확실히 하기 위해 나는 여러 전문가에게 아가리틴에 대해 물어보았다. 로타르 크리글슈타이너는 이렇게 말했다. "의학자가 아니다 보니 제멋대로 판단을 내릴 수는 없지만 어쨌든 독일의 경우 현재로서는 아가리틴과 암을 유발한다는 그것의 분해산물에 대해 별 논의가 없습니다. 주름버섯은 식용버섯으로 생각하여 대부분 주의사항 없이 판매합니다. 아가리틴에 대한 평가도 매우 상이할뿐더러, 대단히 긍정적인 평가(암을 막고 면역 활동을 한다)도 있으니까요. 아가리틴보다는 노랗게 변하는 종을 더 문제로 삼는 것 같습니다. 이것들 일부가 중금속을 축적하기 때문이지요. 버섯이 어디서 자라느냐에 따라 중금속이 버섯갓에 쌓일 수 있습니다. 소화기 장애를 일으키는 노란주름버섯은 약간의 지식만 있으면 쉽게 구분할 수 있습니다. 붉게 변하는 주름버섯은 (지금껏) 문제가 없다고 판단하며, 아가리틴을 함유하고 있지도 않습니다. 제가 어릴 때만 해도 이런 버섯들 대다수를 식용으로 먹었습니다. '진짜' 독성이 있는 한 종만 빼고요. 하지만 지금도 계속해서 온갖 물질들이 발견되고 있습니다. 독성이 있다기보다는 건강에 좋지 않다고 판단되는 물질들이지요. 그러다 보니 식용버섯과 독버섯의 경계가 여러 가지 관점에서 모호해졌습니다. 이대로 가다가는 정말이지 식용버섯이 하나도 안 남을 것 같다는 생각도 듭니다. 하지만 버섯에 적용하는 엄격한 잣대를 다른 식품에도 적용한다면 우린 아마 딸기나 브로콜리도 못 먹을 겁니다."

슬로바키아의 균학자 라디슬라프 하라가Ladislav Hagara는 주름버섯 속의 모든 버섯에는 아가리틴이 들어 있다고 주장한다. 향이 좋은 담황색주름버섯Agaricus silvicola도 마찬가지이다. 따라서 버섯을 날 것으로 너무 자주 먹는 건 삼가야 하겠지만 그래도 가끔씩 먹는 건 나쁘지 않다. 농가에서 기르는 양송이는 상대적으로 아가리틴 함량이 낮다. 얼리면 함량이 70%, 식초에 담그면 90% 감소하고 오래 익히면 완전히 파괴된다. 전문가들은 양송이를 날 것으로 샐러드에 넣어 먹는 건 자제하라고 권한다. 하지만 그밖에는 이 주름버섯 속의 버섯들을 너무 겁낼 필요는 없다.

독일 균치료의 선구자인 프란츠 슈마우스Franz Schmaus에게도 나는 인기 많은 주름버섯에 대해 질문을 던졌다. 그의 대답은 이러했다. "과학은 당연히 버섯이 함유한 모든 물질을 밝혀내려 노력합니다. 그러다 보니 개별적으로는 독성이 있거나 해로울 수 있는 물질들도 발견됩니다. 하지만 이 물질들이 자연에 있을 때는, 더 정확히 말해 버섯에 들어 있을 때는 따로 떨어져 있거나 분리되어 있는 게 아니라 항상 다른 물질들과 결합된 상태입니다. 그래서 그 효과가 강화되거나 약해지기도 하지요. 이 사실은 순수형태 그 자체로는 위험한 주름버섯의 아가리틴에게도 해당이 됩니다. 지금까지 알려진 바로는 주름버섯을 먹어 피해를 입은 사람은 한 명도 없었습니다. 오히려 학자들은 우리 몸에 비타민 D를 공급하기 위해서라도 주름버섯이 필요하다고 주장합니다. 주름버섯은 아로마타제를 억제하여 에스트로겐의 과도한 성장 촉진을 막아주므로 호르몬 함량도 조절합니다. 이런 인식은 특히 여성 유방암 환자에게 의미가 있지만, 전립선 비대증을 앓는 60세 이후의 모든 남성에게도 매우 중요한 사실입니다."

야생 송이버섯에 들어 있는 중금속

주름버섯에 들어 있는 아가리틴이 위험한지 아니면 유익한지의 문제는 논란의 여지가 많지만 숲과 들에서 자라는 주름버섯들이 정말 몸무게가 많이 나간다는 주장에는 아무도 반박하지 못할 것이다. 우리 주변의 자동차와 산업시설에서 카드뮴, 납, 수은 같은 중금속을 적지 않게 방출하고, 그럼 우리의 버섯들이 다시 그 중금속을 열심히 끌어 모을 것이기 때문이다. 특히 몇몇 야생 주름버섯 종들, 예쁜 주름버섯과 향이 끝내주는 담황색주름버섯에서 다량의 중금속이 발견되었다. 거친껄껄이그물버섯Leccinum scabrum, 갈색산그물버섯Xerocomus badius, 그물버섯에서도 이런 독성 물질들이 발견된다.

종과 발견 장소에 따라 버섯은 전혀 다른 유해물질을 함유한다. 따라서 산업시설이나 차가 많이 다니는 도로 근처에서 자라는 버섯은 따지 않는 것이 좋다. 하지만 버섯에 함유된 중금속의 위험성을 바라보는 버섯친구들의 의견은 갈린다. 다수는 얼마나 많은 중금속이 다양한 경로로 실제 우리 몸속으로 들어갈지는 모르는 일이라고 주장하면서 애써 불안한 마음을 달랜다. 중금속의 대부분이 소화되지 않은 버섯과 함께 다시 몸 밖으로 배출될 것이라고 말이다.

세계보건기구와 독일 영양협회는 일주일에 야생버섯을 250그램 이상 먹지 말라고 권고하였다. 하지만 버섯이 한창인 시즌에 나 같은 버섯 사랑꾼들에게 그 정도의 양은 한입거리도 안 된다. 또 독일 일간지 〈쥐트도이체 차이퉁〉은 특수한 토양에서 자라 중금속이 없는 양식 버섯을 먹으라고 권하지만 진정한 버섯의 친구들에겐 그건 말도 안 되는 소리다.

왜 독일에서 연간 1만 명의 버섯 중독 환자가 발생할까?

버섯 요리 말이 나왔으니 말이지만 버섯 요리는 다시 데워먹지 말아야 한다는 조언도 많이 들었다. 하지만 할머니가 사시던 시절에 나온 말이니 시대에 뒤떨어진 말이다. 과연 그럴까?

버섯 시즌인 가을이 되면 버섯 중독사고 뉴스가 자주 들린다. 잘 몰라서 독버섯을 먹었거나 식용버섯하고 헷갈려서 독버섯을 먹은 경우이다. 하지만 이런 뉴스들은 중요한 사실을 보지 못한다. 바로 "가짜" 버섯 중독이 있다는 사실이다.

가짜 중독이라고? 그게 뭐지? 구토, 설사, 오한, 열, 순환장애가 "가짜" 증상이란 말인가? 물론 그렇지는 않다. 가짜 중독도 진짜 중독이기는 하다. 하지만 증상을 일으킨 원인이 알광대버섯 같은 독버섯의 물질이 아니라 우리가 좋아하는 식용버섯의 물질이라는 점이 다르다.

시독 (프로마인)과 할머니

사정은 이렇다. 버섯에는 많은 단백질과 그 전단계인 단백질성 아미노산이 들어 있다. 그중에는 우리 몸이 직접 만들지 못해 음식을 통해 섭취해야 하는 필수 아미노산도 포함된다. 대표적으로 트레오닌, 라이신, 발린, 류신, 이소류신, 페닐알라닌, 트립토판, 메티오닌이 이런 필수 아미노산이고, 얼마 전부터는 이스티딘도 여기에 포함된다. 그런데 이 아미노산들은 반갑지 않은 특성이 있다. 저장 조건이 좋지 않으면 쉽게 박테리아의 공격을 받아 분해되어 버리는 것이다. 산도가 높은 과일과 달리 균류의 내부 환경은 PH 중성에 가까워서 박테리아의 성장을 촉진한다.

이런 분해과정에서 인간에게 독이 될 수 있을 대사물질이 생겨나는데, 이때 생체아민이 중요한 역할을 한다. 생체아민은 미생물, 식물, 동물, 인간의 신진대사에서 발생하며, 동시에 알칼로이드, 호르몬, 조효소, 비타민, 인지질 및 신경전달물질의 합성 전단계이자 구성요소인 경우가 많다. 균류의 분해과정에서 생겨나는 그런 생체아민은 카다베린으로, 더 정확히 1.5 펜탄디아민1,5-pentanediamine이라고 부르며 미생물이 단백질을 분해하면서 아미노산 라이신에서 형성된다. 그러니까 말

그대로 시독*인 셈이다. 우리가 맡을 수 있는 썩는 냄새 역시 주로 카다베린 탓이다. 또 하나의 생체아민으로는 푸트레신이 있으며, 우리가 아직 발견하지는 못했지만 밥 맛 떨어지게 만드는 또 다른 물질들이 아마 훨씬 더 많을 것이다. 그러므로 식은땀, 산통, 헛배, 열, 어지럼증, 홍조, 열감, 순환장애, 오한 등의 불쾌한 증상들은 독버섯을 먹었기 때문이 아니라 상한 식용버섯을 먹은 결과이다.

예전에는 냉장고가 없어서 식재료나 음식을 오래 보관하기 어려웠다. 그래서 우리 할머니들은 버섯요리는 데워먹는 게 아니라고 늘 당부하셨다. 버섯이 워낙 상하기 쉽기 때문이었다. 요즘은 냉장고가 있으니 우리는 운이 좋은 사람들이다. 갓 딴 버섯이나 버섯 요리를 냉장고에 두었다가 이튿날 먹어도 문제없이 원래 맛을 즐길 수 있으니 말이다.

예민한 사람들이 버섯을 즐기려면

하지만 예민한 사람들은 아무리 최고의 품질을 자랑하는

*시독(屍毒) : 동물의 시체가 부패될 때 발생하는 독성이 있는 물질을 통틀어 이르는 말 - 옮긴이

어린 버섯을 먹었다고 해도 반갑지 않은 결과가 일어날 수 있다. 잘 씹지 않아서 큰 덩어리가 소화기에 도달하면 배에 가스가 차고 속이 더부룩하고 구토와 설사가 날 수 있다. 원인은 앞서도 배웠던 균류의 특징 때문이다. 균류는 동물 세포와 달리 세포벽이 있는데 그것이 식물과 달라서 셀룰로오스가 아니라 키틴이라는 이름의 다당류로 되어 있다. 그래서 인간이 소화하기가 쉽지 않다. 그래도 버섯을 꼭꼭 잘 씹어 잘게 부수고 날 것으로 먹지 않고 한꺼번에 많은 양을 먹지 않는다면 꾸준히 버섯요리를 즐길 수 있을 것이다. 또 많은 버섯 전문가들은 버섯 요리를 먹을 때 캐러웨이 열매 몇 알이나 회향 약간을 곁들이면 소화가 잘 된다고 조언한다. 무엇보다 "연습이 달인을 만든다!" 버섯도 자꾸 먹다 보면 익숙해진다. 우리 소화기관이 버섯에 길이 드는 것이다. 나도 평생 버섯을 먹었지만 한 번도 문제를 겪은 적이 없다.

그럼에도 나는 우리 어머니의 충고를 늘 명심하며 산다. 내가 대여섯 살 무렵 어머니는 구운 큰갓버섯을 보고 사족을 못 쓰는 내게 절대 많이 먹으면 안 된다고 당부하셨다. 아이들은 버섯이 소화가 잘 안 된다고 말이다. 당시엔 맛난 버섯을 못 먹게 하는 어머니에게 화가 났지만 지금 나는 안다. 어머님의 말씀이 옳다는 것을.

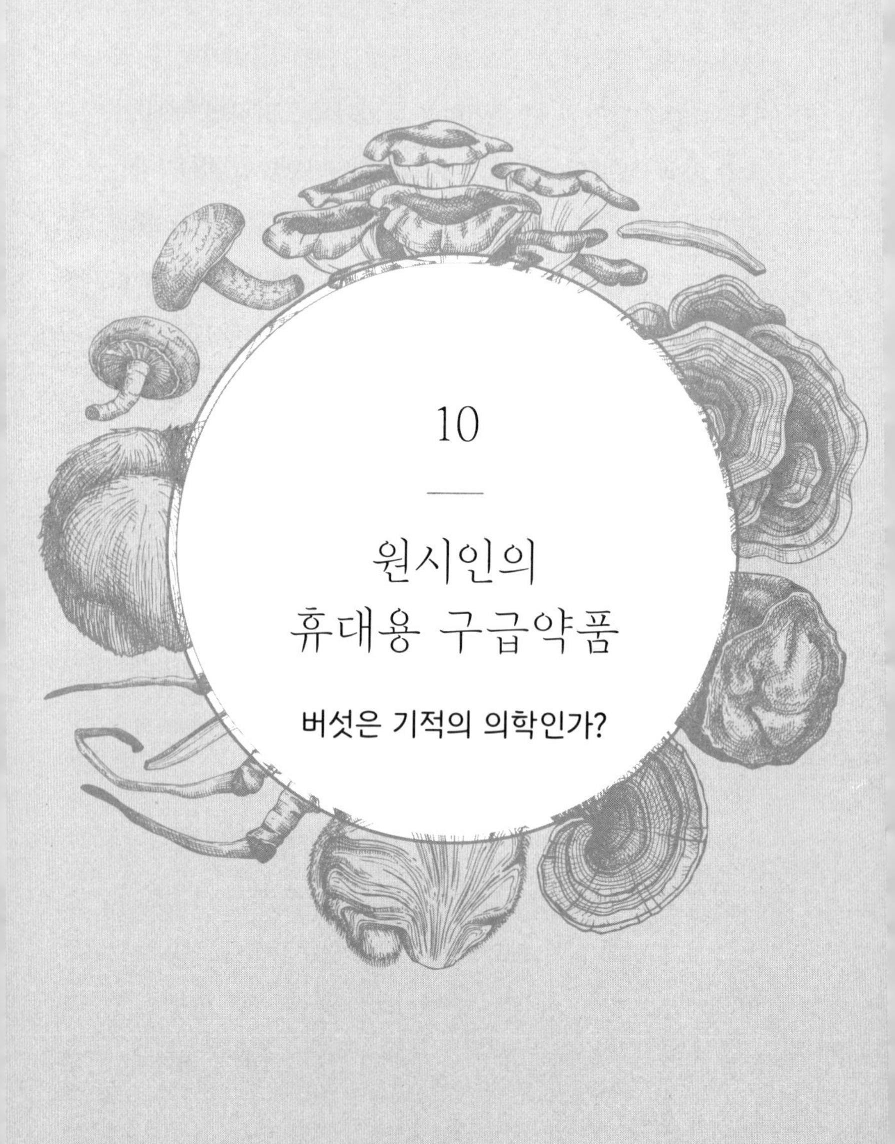

10

원시인의 휴대용 구급약품

버섯은 기적의 의학인가?

균 치료법을 바라보는 의심의 눈길은 무지 탓이다.
이런 태도는 현대의학만이 환자를 치료할 수 있고
자연의학은 이미 오래전에 명을 다했다는
자만에서 나온다.

프란츠 슈마우스, 독일 균류 의학의 선구자

때는 기원전 3200년이다. 신석기시대가 저물고 청동기 시대가 이제 막 시작되었다. 계곡에도 봄이 찾아왔다. 외츠탈 알프스의 고산지대, 해발 3208미터 티젠요흐에서 한 남자가 산양구이를 먹은 후 잠시 쉬고 있었다. 머리에는 불곰 가죽으로 만든 모자를 썼고 갈색과 흰색 털로 만든 세로 줄무늬 상의를 입었으며 발에는 작은 가죽 조각을 동물의 힘줄로 기워 만든 신발을 신었다. 당시로 보아 상당히 옷을 잘 입은 남자였다. 또 청동도끼와 활과 화살, 부싯돌로 만든 단도를 차고 있어 무장도 단단히 했고, 등에 매는 통과 불씨를 담은 통 하나도 들고 있었다. 게다가 허리띠에 찬 주머니에는 특별한 물건이 담겨있었다. 남자는 아직 위험을 감지하지 못했다. 그의 목숨을 노리며 그를 지켜보고 있는 적이 있었던 것이다. 그가 다시 일어나 출발하려던 찰나 화살이 그를 관통했다. 중상을 입고 쓰러진 그에게 적이 달려와 다시 돌로 내리치고는 시신과 장비를 그대로 두고 떠나버렸다.

눈과 얼음이 비극적인 드라마의 흔적을 뒤덮었다. 그리고 5200년이 흐른 후 시신은 외치, 티젠요흐의 남자, 하우스랍요흐의 남자, 아이스맨, 지밀라운의 미라 같은 이름을 얻고서 가장 유명한 빙하 미라의 대열에 합류하였다.

외치의 버섯

어제 일어난 일인양 흔적을 그대로 간직한 외치의 허리띠 주머니에는 특별한 물건이 담겨 있었다. 바로 버섯이다. 두 종의 버섯이 들어 있었는데 한 종은 원시시대부터 불을 피우는 데 사용했던 말뚝버섯이다. 그에게선 황철광의 흔적도 발견되었는데, 그 둘은 당시 흔히 사용하던 "라이터"의 기본 구성요소였다. 또 하나가 자작나무버섯(혹은 봇나무송편버섯 Piptoporus betulinus, 2016년부터 Fomitopsis betulina로 부른다)인데, 지금도 자연의학 관계자들뿐 아니라 전 세계 유명 의학 연구소에서도 열광적인 관심을 보이는 치료물질이다. 이 버섯을 달여 마시면 위장장애를 치료할 수 있다고 한다. 또 피부에도 좋고 다양한 종류의 암에도 효과가 있으며 염증을 막아주고 항생작용과 항바이러스 작용을 하며 기생충병에도 효과가 있다. 그래서 버섯은 그에 상응하는 귀한 대접을 받는다. 인터넷에서 자작나무버섯 액 100밀리미터가 29.99유로에 팔린다.

물론 우리의 아이스맨은 자작나무버섯 액을 넣은 병이 아니라 버섯 조각을 들고 다녔다. 그것을 차주머니처럼 가죽 혁대에 매달고 다녔다. 아마 상처에 버섯을 직접 붙여서 지혈제

겸 항생제로 활용했을 것이다. 아니면 뜨거운 물에 우려서 차처럼 마셨을지도 모른다. 2016년에 그의 위장에서 헬리코박터 파이로리Helicobacter pylori균이 발견되었고, 그가 대장 기생충 때문에 괴로워했을 것이라는 증거도 발견되었다. 또 급성 위장장애와 소화기문제로 힘들었을 수도 있다. 그래서 자작나무버섯을 가지고 다니면서 약으로 사용했을 것이다. 북유럽의 원시족인 사미족의 경우 지금까지도 이 전통을 유지하고 있다.

차가버섯, 민간요법이 사랑하는 버섯

외치가 발견되었을 당시 사람들은 그가 지닌 버섯이 차가버섯Inonotus obliquus 일 것이라고 생각했다. 차가버섯은 자작나무 줄기에 붙어사는데, 종기 같이 생긴 이 덩이를 처음 본 사람이라면 버섯이라기보다는 나무에 병이 들어 혹이 생겼다고 생각할 것이다. 이 검은 버섯은 시베리아, 발트해 연안국, 핀란드에 이르기까지 많은 나라에서 오래전부터 암을 치료하는 민간약품으로 널리 사용하였다. 게다가 차가 버섯은 면역체계를 자극하여 염증을 막고 췌장과 간을 보호한다고 알려져 있다. 실제로 동물 실험 결과도 항암작용을 입증하였지만 문제가 없지 않다. 왜 그런 작용을 하는지 통 알 수가 없는 것이다. 차가버섯에선 지금껏 다양한 폴리페놀, 트리테르펜, 다당류(폴리사카라이드) 등 최소 200가지의 생체활성 물질을 발견하였다. 이 물질들이 각기, 그리고 서로 결합하여 어떤 작용을 하는지 밝히려면 엄청난 비용과 노력이 드는 임상연구가 필요할 것이다. 현실적으로 그런 연구가 힘들다 보니 긍정적 효과가 계속 관찰 및 입증되고 있음에도 버섯 의학은 여전히 대체의학 부분에서만 활용되고 있을 뿐, 극히 예외적인 경우를 제외하면 주류의학으로 진입하지 못하는 실정이다.

버섯이 활성 산소Free Radical를 억제한다

시베리아의 샤먼들은 오래전부터 차가버섯을 약품으로 사용하였다. 차가버섯을 우린 물을 계속 마시면 건강하게 살 수 있다고 생각했기 때문이다. 실제로 차가버섯은 항산화지수(ORAC)가 엄청 높다. 항산화지수는 "Oxygen radical absorbance capacity"의 준말로 활성산소를 제지하는 물질이나 식품의 능력을 일컫는다. 이 수치가 높을수록 물질의 항산화 능력이 뛰어나다. 인기 높은 항산화제인 녹차의 경우 항산화지수가 약 13,00이고 날 당근이 700인데 말려 빻은 차가버섯 분말은 무려 65,000이나 된다. 항산화지수가 높다는 것은 같은 양이라도 생리학적으로 세포를 손상시킬 수 있는 활성산소를 더 많이 중화시킨다는 뜻이다. 그러니 차가버섯에는 실제로 아주 많은 것이 숨어 있을 수도 있는 것이다.

노벨상을 수상한 유명한 러시아 작가 알렉산드르 솔제니친Aleksandr Isayevich Solzhenitsyn, 1918~2008 역시 1967년에 발표한 소설 ≪암병동≫에서 차가버섯을 칭송하였다. "여기에 오래 입원한 환자 중 하나가 마슬레니코프 박사님 이야기를 해줬어. 그가 말하기를 혁명이 일어나기 전에 모스크바에서 멀지 않은 알렉산드로프 지역에 늙은 시골 의사가 한 사람 있었는데 당시엔 많이들 그랬듯 같은 병원에서 몇십 년을 근무한 거야. 그런데 의학책에는 암에 대한 이야기가 늘어만 가는데 그 병원에 치료를 받으러 오는 농부들 중엔 암 환자가 하나도 없거든. 왜 그럴까? 고민을 하다가 그가 이상한 점을 발견했지. 그 지역 농부들이 차를 안 사고 돈을 모아서 차가라는 것을 사서 우려먹었던 거지…… 어쨌든 세르게이 니키치치 마슬레니코프 박사님은 이런 생각을 했다는 거야. 혹시 이 러시아 농부들이 오랫동안 차가를 마셔서 자기도 모르게 암에 걸리지 않았던 것은 아닐까 하고 말이지.”

핀란드 민족 시인이자 핀란드 현대문학의 아버지인 알렉시스 키비Aleksis Kivi. 1834~1872도 차가 버섯 이야기를 한 적이 있다. 가장 유명한 그의 소설 ≪7형제≫에는 핀란드 전쟁 때 군인들이 차가버섯을 커피 대용으로 마셨는데 많은 퇴역군인들이 그 버섯 덕분에 전쟁을 이기고 무사히 살아남았다고 확신했다는 구절이 있다.

영지, 영생의 버섯

차가가 북방의 버섯이라면 아시아엔 영지버섯Ganoderma lucidum (Curtis) P. Karst이 있다. 영지는 의학적 효과를 가진 버섯들의 왕으로 불리며 4000년 전부터 중국 민간요법에서 특별한 역할을 해왔다. 영지버섯의 1년생 갓은 딱딱하고 맛이 쓰며 어두운 색깔의 나무진으로 덮여 있다. 녀석은 참나무를 필두로 주로 활엽수에서 자라며 전 세계에 널리 퍼져 있지만, 비슷한 모양의 가까운 친척들과 구분하기가 쉽지 않다. 나무에 사는 불로초속Ganoderma은 가까운 친척이 많은 씨족들의 집합체이다. 죽은 생명체에 붙어사는 부생균류이므로 죽은 나무에 살거나 이미 다 죽어가는 나무에 기생한다. 하지만 나무에 해를 입히지는 않는다.

영지에 대한 과학적 관심은 날로 더해가고 있다. 흔히 암 치료에 효과가 있다고 여겨지며, 영지(靈芝)라는 이름답게 중국에서는 "영생의 버섯"으로 불린다. 고귀한 버섯에 어울리는 고귀한 이름이 아닐 수 없다. 하지만 버섯계의 귀족이라면 이것 말고도 몇 종이 더 있으니, 다음 장에서는 그것들에 대해 알아보기로 한다.

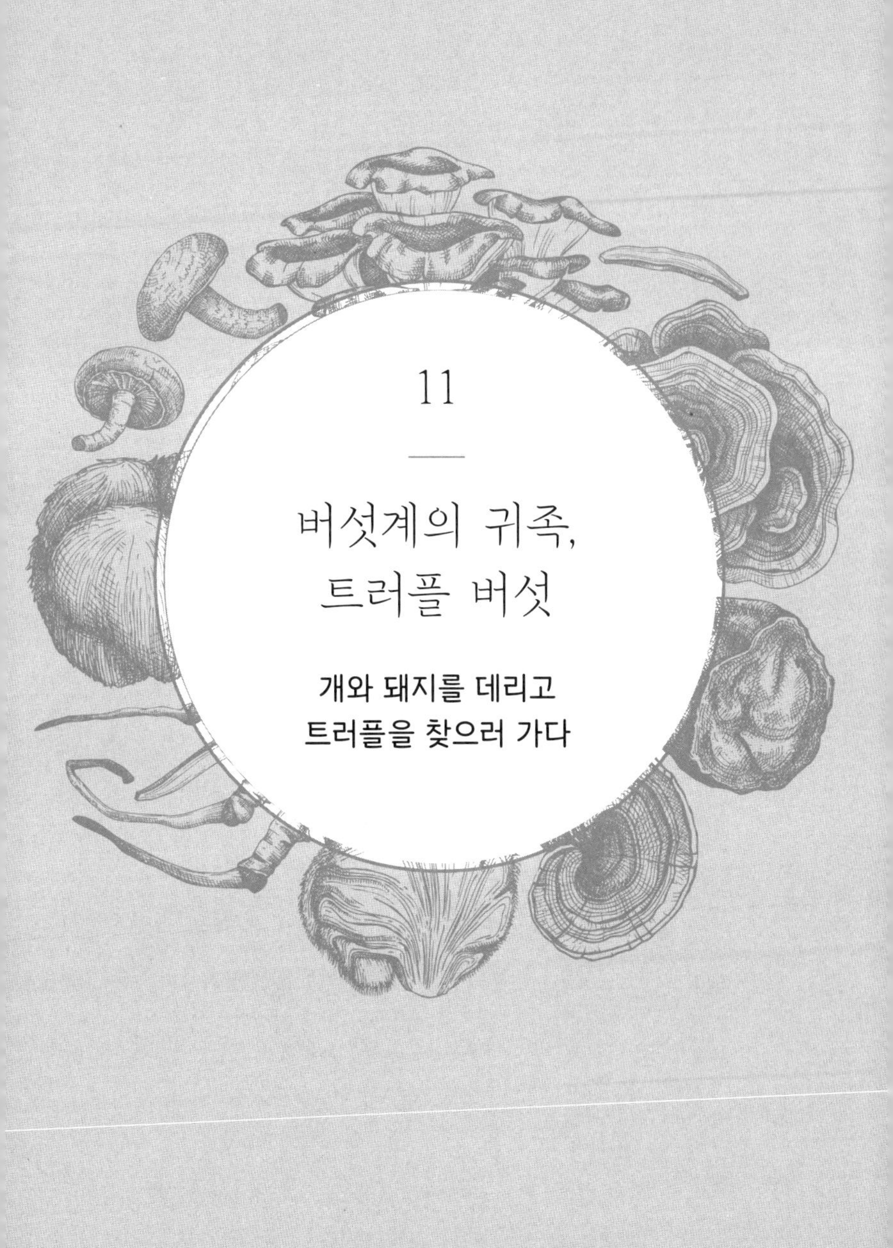

11

버섯계의 귀족, 트러플 버섯

개와 돼지를 데리고 트러플을 찾으러 가다

버섯의 세계에도 사회 계급이 있다.
아폴론 같은 잘 생긴 외모 덕에 오만을 떠는
제왕버섯 (민달걀버섯을 일컫는 말이다)은
허영심 많은 귀족이다. 잘난 척만 할 뿐
아무짝에도 쓸모가 없다.
하지만 그물버섯은 합리적이고 마음씨도 착하며
소박하고 부지런하고 옷차림도 검소하다.
그다음으로 초췌한 프롤레타리아 버섯이 있으며……
술꾼과 범죄자도 빠질 수 없다.

피에로 칼라만드레이

돼지를 줄에 묶어 데리고 가을의 숲에서 어슬렁거리는 사람을 보았다면 무슨 생각이 들겠는가? 버섯에 무지한 사람이라면 웬 이상한 인간이 특이한 애완동물을 데리고서 숲까지 산책을 왔다고 생각할 것이다. 그리고 저런 인간은 피하는 것이 상책이다 싶어 얼른 자리를 뜰 것이다. 하지만 버섯 전문가라면 상대가 눈치채지 못하게 소리 죽여 뒤를 밟을 것이다. 그가 숲의 땅에서 세상 가장 고귀한 생명체를 찾고 있는 중이기 때문이다. 그게 뭐냐고? 바로 트러플 버섯이다. 머리가 좋고 후각이 발달한 돼지는 향이 진한 이 버섯의 냄새를 잘도 맡기 때문에 주인에게 버섯이 있는 자리를 금방 찾아줄 것이다. 하지만 설사 자리를 찾더라도 그 귀한 버섯이 주인 것이라고 생각지 못한 돼지가 후다닥 먹어치워 버릴 수 있다. 그러니 트러플 버섯이 자라는 자리를 혼자만 알고 싶다면 돼지가 아니라 훈련된 개를 데리고 숲에 들어가는 것이 좋다. 개는 트러플을 발견해도 바로 달려들지 않을 것이고, 혹시 눈치채고 뒤를 밟을 반갑지 않은 "추격자"를 따돌릴 수도 있을 테니 말이다. 트러플 버섯이 자라는 장소는 정말이지 황금만큼 소중한 정보이기 때문이다.

트러플 버섯(송로버섯)Tuber melanosporum은 전 세계에 널리 퍼져 있지만 주로 북반구에서 많이 자란다. 최고 품질의 버섯은 지중해 북부 해안의 빛이 잘 드는 활엽수림 땅속에 숨어 있다. 그곳의 트러플이 가장 향이 좋다. 트러플 버섯이 많이 나는 프랑스와 이탈리아 지역에선 트러플 마켓, 트러플 톰볼라, 트러플 디너, 트러플 수확에 감사하는 미사 등 행사제목만 봐도 알 수 있듯 가을 축제의 주인공 역시 트러플 버섯이다.

트러플, 사랑의 여신과 금비

트러플 버섯 숭배는 문화사적으로 볼 때 역사가 길어서 로마제국 시대에 시작되었다. 고대 로마 사람들은 버섯은 물론이고 버섯을 먹는 사람들도 경멸했다. 버섯은 "돼지나 처먹는 것"이며 가난한 사람들의 음식이기에 위신이 있는 사람이라면 정말 형편이 어려워 어쩔 수 없는 상황이 아니고서는 절대 먹지 않는 것이었다. 플리니우스는 게르만족과 싸우면서 "도토리와 버섯"을 넣고 끓이는 그들의 식습관을 험담했다. 하지만 그런 그들의 태도는 얼마 못 가 완전히 달라졌다. 일반 백성들은 앞서 말한 "돼지나 처먹는" 질 낮은 버섯만 먹을 수 있었지만 부자들의 식탁에는 버섯의 귀족들이 올랐다. 트러플은 당연히 그 귀족 버섯에 포함되었다.

로마인들은 트러플이 최음 효과가 있다고 생각해서 그 향기로운 버섯을 사랑의 여신 비너스에게 바쳤다. 그리고 늘 그렇듯 그리스 신들의 세계에서 전설을 빌려왔다. 그 전설에 따르면 타고난 바람둥이 제우스가 다나에 공주한테 홀딱 반해서 황금비가 되어 공주를 임신시켰다고 한다. 하지만 공주의 품에 떨어지지 못하고 땅에 떨어진 빗방울은 모두가 트러플 버섯이 되었다. 그런데 제우스의 갈망은 그칠 줄을 몰라서 해마다 황금비로 변했고, 덕분에 가을이면 트러플이 쑥쑥 자라게 된 것이다.

그리스와 로마 사람들은 트러플을 신이 주신 선물이라 여겼지만 가톨릭 중세에선 그것이 악의 정수, 인간을 홀려 사악한 길로 인도하기 위해 악령이 직접 만든 덩이라고 믿었다. 하지만 트러플이 교황의 식탁에까지 자주 오르게 되면서 다들 눈을 질끈 감아주었다. 설사 그것이 최음 효과를 낸다 해도 더 이상 죄나 악령 하고는 엮지 않았던 것이다.

진짜 트러플이냐 가짜 트러플이냐 그것이 문제로다

그렇다면 트러플이란 정확히 무엇일까? 트러플Tuber melanosporum이라는 이름은 라틴어 "투버 *tuber*"에서 왔을 가능성이 높고 "혹"이나 "덩이"를 뜻한다. 그래서 땅 밑에서 덩이를 만들기만 하면 서로 친척이 아닌 버섯들과 버섯갓들도 다 싸잡아 트러플이라 불렀다. 유럽에는 20종의 엘라포미세스Elaphomyces가 자란다. 이것은 (진짜) 트러플처럼 자낭균문이지만 트러플과 가까운 친척이 아닌 균류들이다. 이 사실만 봐도 "트러플"이라는 말이 얼마나 부정확하게 사용되는지를 잘 알 수 있다.

분류학적 관점에서 본다면 덩이버섯 속Tuber의 진짜 트러플은 식용버섯들 중에서도 아주 특이한 버섯이다. 대부분의 식용버섯들이 담자균문Basidiomycota인데 진짜 트러플은 곰보버섯 속Morchella처럼 자낭균문Ascomycota에 속하기 때문이다. 자낭균문은 담자균문과 함께 두 갈래로 갈라지는 균류의 최대 진화 노선 중 하나로, 특이한 주머니 모양의 생식기관인 자낭이 있다. 지금 우리는 분자생물학 및 유전학 연구 덕분에[14] 이 덩이버섯 속이 북반구의 유럽과 유라시아에서 2억 710만 년~1억 4천만 년 사이에 집중적으로 진화하였으며 오늘날 우리가 덩이버섯 속에 포함시키는 모든 종은 5개의 그룹으로 나누어진다는 사실을 잘 알고 있다. 그중 아에스티붐Aestivum과 엑스카바툼Excavatum은 유럽과 북미에서만 자라지만 푸베룰룸Puberulum, 멜라노스포룸Melanosporum, 루품Rufum은 널리 퍼져 있어서 유럽, 아시아, 북미의 대륙 간 이동을 입증한다. 2018년 말에 인터넷 포털 Index Fungorum[15]에 "Tuber"라는 단어를 검색하면 약 640개의 이름이 떴다. 종, 아종, 변종은 물론이고 동의어까지 다 포함한 숫자이다. 2000년이 시작되고 첫 10년 동안 전 세계적으로는 70~75개의 종이, 유럽에서만 32종이 인정을 받았다.

트러플이 풍기는 유혹의 향기

트러플 덩이는 왜 "자극적인 향"을 풍기는 걸까? 앞에서도 살짝 설명했지만, 트러플의 번식 방법 때문이다. 대부분의 버섯이 바람이나 물을 이용해 포자를 멀리 보내는데 반해 트러플은 동물을 이용한다. 포자를 매단 갓을 먹은 동물이 멀리 가서 소화시키지 못한 포자를 다시 배출하는 것이다. 이렇게 땅에 숨어 자라는 버섯이 동물을 유혹하자니 향기를 뿜을 수

밖에 없다. 덕분에 트러플이 뿜어내는 유혹의 향기는 많은 전설의 소재가 되었다. 트러플의 페로몬은 수퇘지, 개, 인간, 딱정벌레를 미치게 만든다고 한다. 실제로 다양한 종의 트러플에는 계절과 자라는 장소에 따라 농도가 달라지는 수많은 향기물질이 들어 있다. 그건 논란의 여지가 없고 오래전부터 알려진 사실이다.

그렇지만 따지고 보면 이 버섯의 특별함은 그리 특별할 것이 없다. 트러플의 향기를 좌우하는 분자는 세상 어디에나 있는 흔한 것이기 때문이다. 그것은 생물의 활동을 통해 가장 자주 대기 중으로 방출되는 황화물이다. 피토플랑크톤이 만들며, 전형적인 바다향의 원인 물질이다. 곡물, 양배추, 해초를 요리할 때면 우리 집 부엌에서도 그 물질이 냄새를 뿜어낸다. 또 골든햄스터 암컷의 질 분비물에서도 발견되며 구취의 한 가지 요인으로 우리 입에 사는 혐기성 세균이 원인이다. 그러니까 트러플 향의 주인공은 화학구조가 단순하고 황을 함유한 분자로 화학식은 $(CH_3)_2S$, 이름은 다이메틸 설파이드dimethyl sulfide이다.

프랑스 화학자 티에리 탈루Thierry Talou의 실험들[16]은 이미 오래전에 트러플의 향이 특별한 페로몬이 아니라는 사실을 밝혀내었다. 그러니까 돼지와 개, 심지어 송로버섯파리Suillia tuberiperda 때까지 유혹할 수 있는 물질은 그리 대단한 것이 아니라 다이메틸 설파이드라는 이름의 단순한 물질인 것이다.

하지만 그저 그런 단순한 물질은 대단하면 안 되는 것일까? 화학식 따위는 개나 줘버리고 남쪽의 마법사가 만들었다는 "사랑의 덩이" 신화를 고이 간직하면 안 되는 것일까?

유황 이야기와 나왔으니 하는 말이지만 트러플의 향기는 너무 강렬하고 특이해서 취리히 주의 버섯 검사관 후고 F. 리터Hugo F. Ritter가 보고한 대로 날계란에까지 냄새가 배일 수 있다. 그릇에 천을 깔고 트러플 버섯 하나와 계란 몇 개를 떼어서 놓는다. 그릇을 닫고서 3일 후에 다시 열어보면 트러플 계란이 완성된다. 특이한 향기가 껍질을 뚫고 들어가 계란을 물들인 것이다.

입이 벌어지는 버섯 가격

그런 유혹의 향기가 당연히 값어치가 없을 수 없다. 상상을 초월하는 어마어마한 금액에 팔리는 버섯이 생겨난다. 이탈리아의 한 경매장에선 트러플 버섯 2개가 9만 유로에 낙찰되었다. 950그램의 그 버섯은 어느 홍콩 부자의 손으로 넘어 갔다. 2008년의 〈슈피겔〉지 보도에 따르면 중국인 스탠리 호가 로마 국제 경매장에서 1,080 그램의 백색 트러플 버섯을 무려 158,000유로를 주고 낙찰받아서, 1년 전에도 역시 그와 경쟁을 벌였던 아부다비의 사이히들을 거뜬히 물리쳤다고 한다. 하지만 그것도 2007년의 경매에 비하면 새 발의 피다. 당시 위성을 통해 런던, 모로코, 아부다비로 중계된 트러플 경매에서는 한 백만장자가 1.5킬로그램의 버섯을 무려 330,000달러를 주고 낙찰받았다.

하지만 졸부들의 왕국에서 쏟아져 나오는 그런 어마어마한 돈이 표준은 아니다. 요즘은 인터넷으로도 구매가 가능해서 페리고르 트러플을 배송비까지 포함하여 100그램 당 182.24유로면 살 수 있다. 게다가 세계화 시대의 당연한 현상이겠지만 아마존 역시 이미 트러플 판매를 시작했다. 그렇다면 트러플도 대량판매의 시대가 열린 것일까? 과연 그것이 가능할까?

트러플 재배는 가능한가?

트러플은 나무와 공생하는 외생균근 균류이기 때문에 재배를 할 수 없다는 것이 일반적인 상식이다. 하지만 다른 의견도 자주 들리는데…… 트러플의 대량재배에 성공한다면 버섯의 가치와 가격은 곧바로 추락할 것이다. 그것은 틀림없는 사실이다. 사실이 아닌 것은 트러플을 재배할 수 없다는 주장이다. 물론 트러플 재배가 과연 수지가 맞는 일인지는 아직 확실치 않지만 말이다.

1810년에 이미 재배의 시도가 있었다. 아이디어를 낸 사람은 프랑스인 조제프 탈롱Joseph Talon이며, 제법 성공적인 시도였다. 트러플 균사나 포자를 나무에 접종한 후 몇 년 동안 기다렸다. 항상 성공한 것은 아니었지만 항상 실패한 것도 아니었다. 물론 아직까지는 트러플을 송이처럼 대량생산 할 수는 없다. 하지만 트러플을 접종할 수 있는 나무의 리스트는 충분히 작성 가능하다. 나무 종만 다양한 것이 아니라 접종할 수 있는 트러플의 종도 다양하다. 가령 여름갈고리덩이버섯Tuber aestivum, 유럽 화이트트러플(대리석덩이버섯Tuber Borchii)은 물론이고 인기가 제일 높은 페리고르 트뤼플까지도 공급이 가능하다. 버섯을 접종한 어린 나무 한 그루가 36유로면 크게 비싼 가격은 아니다. 숲을 통째로 갖고 싶다면 나무를 천 그루쯤 주문하면 된다. 물론 그런 대형 프로젝트의 경우 공급업체는 전문적인 지식을 갖춘 개인 자문을 권하지만……

하지만 굳이 개인 숲까지 만들 필요는 없을 것 같다. 트러플이 너무 희귀해서 독일과 중부유럽에는 아예 없다는 주장은 사실이 아니기 때문이다. 인터넷 포털 trueffelbaumschule.de을 보면 "트러플 역사" 란에 독일도 1920년대까지는 트러플 수출국이었다는 정보가 실려 있다. 트러플이 넘쳐났기에 트러플에 얽힌 전통도 깊었다고 말이다. 하지만 세계 대전으로 인해 소중한 노하우들이 실종되거나 망각의 늪에 빠져버렸다.[17)]트러플 버섯을 찾는 일은 남자들이 맡았고 그 남자들이 전쟁에서 돌아오지 못했기 때문이다. 더구나 트러플 정보는 가족에게만 전해지는 비밀 지식이었다.

1993년 균학자 로타르 크리글슈타이너는 "독일에는 불과 20곳의 트러플 자리"가 있다고 보고했다. 하지만 그로부터 20년이 지난 후 트러플 버섯 붐이 일었고 중부유럽에도 트러플이 많다는 인식이 퍼져나갔다. 앞서 인용한 그 인터넷포털의 정보에 따르면 그사이 독일 니더작센 주에서만 2000곳이 넘는 트러플 자리가 발견되었다고 한다. 실종되었다고 믿었던 종이나 새로운 종이 등장한 것이다. 버섯친구들에게 이보다 더

기쁜 소식이 없을 것이다.

제왕버섯 (민달걀버섯)과 다른 이국적인 버섯들

유럽에는 트러플 말고도 귀족 버섯 대표들이 더 있지만, 대부분의 종이 너무 귀하다 보니 책임감 있는 채집꾼이라면 함부로 따다 프라이팬에 던지지 못할 것이다. 위협받는 종의 다양성을 경고라도 하듯 그 버섯들의 이름도 멸종 위기 종 리스트에 보란 듯 올라 있으니 말이다. 가령 "그물버섯의 더 고결한 형제"인 분홍청변그물버섯Boletus regius은 내가 어릴 때만 해도 자주 눈에 띄었고, 솔직히 말하면 자주 따서 먹기도 했다. 그런데 그 이후로는 (안타깝게도) 두 번 다시 보지 못했다. 껄껄이그물버섯 속Leccinum의 등색껄껄이그물버섯Leccinum versipelle 역시 예전에는 지금보다 훨씬 자주 보았다. 독일과 오스트리아를 비롯한 중부 유럽 국가들이 법으로 보호하는 종의 목록은 길기만 하다. 이 장의 주연배우인 트러플 말고도 제왕버섯이라 부르는 민달걀버섯 역시 그 목록에 포함된다.

이 장을 쓰려 마음먹었던 2016년 여름에 나는 아내와 함께 민달걀버섯 몇 개를 맛나게 먹었다. 안타깝게도 그 버섯은 우리가 사는 잘츠부르크에서는 나지 않는다. 하긴 설사 난다고 해도 앞서 설명한 이유 때문에 함부로 따지 못했을 것이다. 민달갈버섯의 고향은 지중해의 온난한 지역이다. 알프스 북쪽에서는 아주 가끔씩 두서없이 등장하는데 그마저도 독일의 경우 기후가 좋은 라인란트팔츠, 바덴-뷔르템베르크, 바이에른, 헤센 같은 남부지역이며, 오스트리아는 쥐트부르겐란트와 쥐트슈타이너마르크트 등이다. 이렇게 귀하신 몸인 것은 문화역사적인 이유도 있고 자연적인 이유도 있다.[18] 이 버섯이 특이하게도 고대 로마의 도로를 따라 자라기 때문이다.

민달걀버섯은 잘츠부르크 도심의 미라벨 성 앞에서 열리는 장터에서 샀다. 매주 목요일마다 그곳에서 열리는 장터엔 주변 농민들이 온갖 농산물을 들고 와서 판다. 덕분에 그 7월의 어느 목요일에도 이탈리아에서 바로 건너온 싱싱한 민달걀버섯이 우리를 보며 웃고 있었다. 아직 다 피지도 않은 4개의 예쁜 버섯은 1킬로그램에 47유로였다. 평소 같으면 나는 절대 야생버섯을 장에서 사지 않는다. 내가 가서 직접 따서 먹는다. 하지만 그날은 내 평생 처음으로 민달걀버섯의 시식을 위해 돈을 주고 야생버섯을 구입했다.

전부 버터에 볶아서. 특별한 방식의 버섯 경기

그 전날 아내와 나는 잘츠부르크 남쪽의 숲에 가서 어린 큰갓버섯과 그물버섯을 몇 개 땄다. 민달걀버섯이 정말로 그렇게 특별한 맛일까? 우리는 3종의 버섯에 살짝 소금을 쳐서 프라이팬에 버터를 두르고 볶았다. 같은 방식, 같은 시간만큼. 맛이 제일 좋다는 세 가지 버섯종의 맛 올림픽을 열었던 것이다.

경기의 결과는 두 말할 필요가 없었다. 인기 높은 그물버섯에 대해선 그 누구도 나쁜 말을 하지 못할 것이다. 하지만 경기는 경기인지라 금메달은 한 사람뿐이었다. 우리 둘은 망설임 없이 단번에 결정했다. 민달걀버섯이 금메달, 큰갓버섯이 은메달, 그물버섯이 동메달이었다.

물론 맛은 주관적일 수 있다. 그래서 인터넷에서 "민달걀버섯은 그물버섯 샐러드에 한 참 못 미친다"라고 적은 블로그를 만나기도 했다. 하지만 우리는 우리 결정을 꿋꿋하게 고수하였다. 그물버섯은 민달걀버섯보다 한 참 뒤처졌다.

버섯을 사느라 거금을 투자했지만 보람이 있었다. 그래도 버섯 1킬로그램 당 47유로라니, 평소 트러플 버섯 작은 덩이 하나도 살 엄두를 못 내는 보통 사람에겐 경제적으로 큰 부담이 아닐 수 없었다.

물론 훨씬 더 비싼 버섯들도 많다. 킬로그램 당 2만 유로, 심지어 3만 5천 유로까지 주어야 하는 균류의 이국종들이다. 중국, 더 정확하게 말하면 티베트에서 자라는 박쥐나방 동충하초Jartsa Gunbu는 치료제로 각광을 받으며 세계에서 가장 비싼 버섯 중 하나로 꼽힌다. 티베트 고원 토종인 이 버섯은 박쥐나방Thitarodes 애벌레를 공략한다. 그럼 그 애벌레는 버섯에게 감염되지 않은 친구들에 비해 겨울에 땅속으로 많이 파고 들어가지 않는다. 봄이 되면 애벌레의 몸에서 날씬한 자루 모양의 갈색 자좌Stromata가 자라 나오는데 길이가 약 8~15센티미터까지 자랄 수 있어서 숙주 몸길이의 2~4배에 달한다. 티벳 사람들은 이것을 야차굼바Yartsa gunbu라고 부르는데 "겨울에는 벌레지만 여름에는 풀"이라는 뜻이다. 애벌레는 결국 껍질까지 하나도 남지 않는다. 속이 버섯의 균사로 완전히 가득 차기 때문이다.

동충하초는 경제요인

애벌레에서 자라는 버섯을 약으로 사용하자는 생각을 언

제 처음 하게 되었는지는 아직 확실치 않다. 티베트에선 천 년 전부터 약재로 사용했다는 기록이 남아 있다. 티베트 사람들은 이 버섯을 차나 비단과 맞바꾸었고 지금까지 화폐로도 사용한다. 그러니까 티베트 고원에선 이 애벌레와 버섯이 진귀한 상품을 넘어 가장 중요한 수입원이며 엄청나게 중요한 경제 요인인 것이다. 버섯 무역은 티베트 자치주 국내 총생산의 8.5%에 달한다.

호랑이 고환으로 만든 약제나 코뿔소 뿔 가루처럼 중국 의학에서 전통적으로 사용하는 약재들이 의심스러운 경우도 많지만 동충하초의 경우는 의학적 효과를 입증하는 몇 가지 과학적 연구결과도 나와 있다. 버섯에 함유된 베타글루칸과 코르디세핀Cordycepin이 면역계에 긍정적 영향을 미치며 성기능장애에 효과가 있다고 말이다. 하지만 실험참가자가 너무 적었다며 중국의 연구 결과를 의심하는 사람들도 있다. 버섯 전문가들은 애벌레는 물론이고 동충하초 역시 곰팡이가 슬 수 있고 그럴 경우 약이 독이 될 수 있다고 경고한다. 하지만 동충하초의 효과에 대한 믿음은 조금도 흔들리지 않는다.

중국 경제가 성장하면서 동충하초의 수요도 폭발적으로 늘어나고 있다. 〈내셔널 지오그래픽〉에 실린 마이클 핀켈Michael Finkel의 기사대로 당연히 가격도 하늘 높은 줄 모르고 치솟는다. 40년 전만 해도 동충하초 1파운드 가격이 1~2 유로 하던 것이 1990년대 초엔 100유로 정도까지 올랐다. 지금은 최상품 동충하초의 경우 킬로그램 당 최고 8만 유로를 웃돈다.

귀할수록 대접을 받는 법

일본에서 인기가 높은 자연산 송이버섯Tricholoma matsutake 역시 가격이 만만치 않다. 가격만 놓고 보면 동충하초와 트러플에 이어 아마 세계 제3위일 것이다. 중국과 한국, 미국 등지에서 수입되는 송이버섯은 킬로그램 당 90유로면 살 수 있지만, 산지, 계절, 품질에 따라 최고 킬로그램 당 2000유로까지 가격이 솟구친다. 당연히 일본에서 직접 딴 것이면 가격이 더 높다. 일본에서 송이를 먹기 시작한 것은 1000년도 더 되었고, 일본 사람들은 특별한 마음을 전할 때 송이를 선물하는 전통이 있다.

행운과 다산, 기쁨을 상징하는 송이버섯은 다른 인기 높은 야생버섯이 그렇듯 소나무 하고만 공생하는 버섯이므로 재배가 불가능하다. 그리고 자연이 한 해에 선물하는 양은 1천

톤을 채 넘지 않는다.

그건 어쩔 수가 없다. 대부분의 인기 높은 버섯은 재배가 불가능하다. 공생 파트너, 기후조건, 성장 장소의 기준이 까다롭기 때문이다. 그래서 양이 많지 않고 따뜻한 계절에만 자랄 수 있는 것이다. 진짜? 한번 잘 살펴보라. 혹시 눈 모자를 쓰고서도 꿋꿋하게 자라는 버섯이 있지 않은지……

어쨌거나 식품 중에서 트러플, 동충하초, 송이보다 더 비싼 것은 벨루가 캐비아와 판다똥차뿐이다. 벨루가 캐비아는 킬로그램 당 25,000유로이고 판다똥차는 킬로그램 당 무려 54,000 유로나 된다.

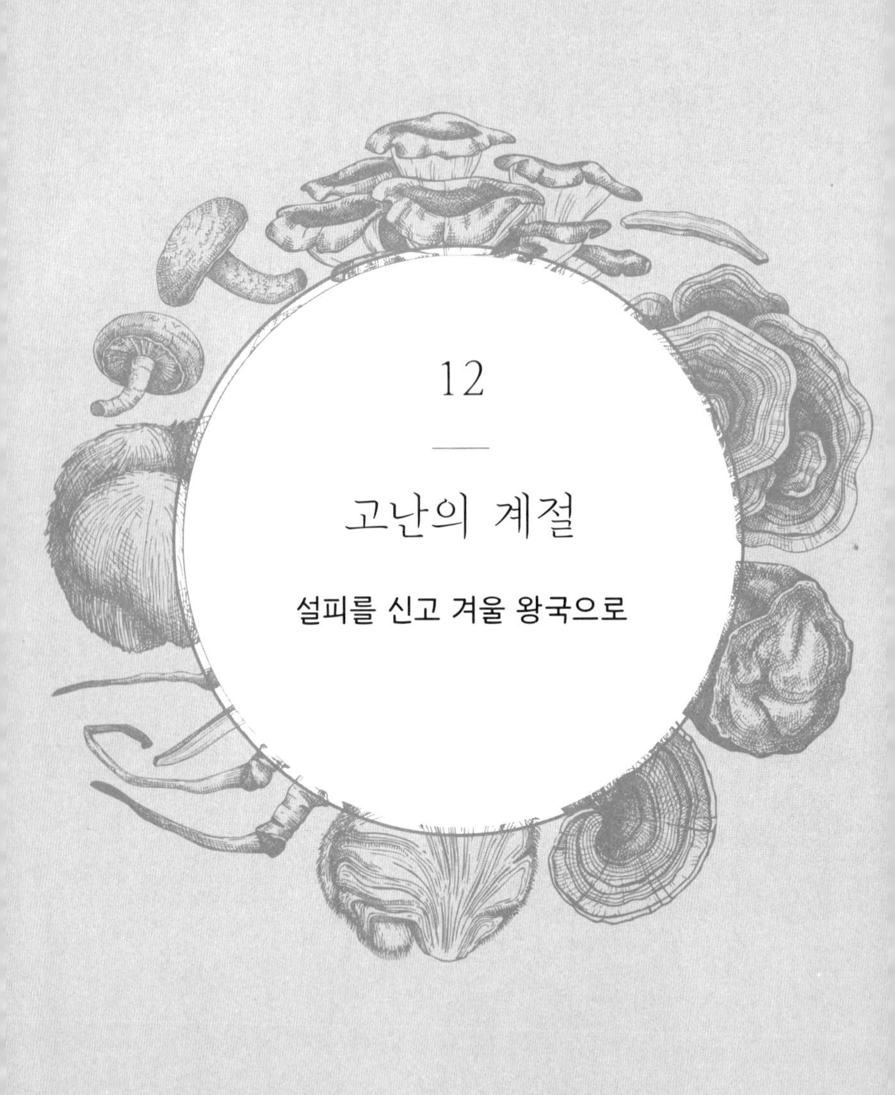

12

고난의 계절

설피를 신고 겨울 왕국으로

모든 계절을 생각해야 한다.

장 자크 루소

버섯은 언제 자랄까? 책에서 버섯의 성장 시기라고 일러놓은 일정을 많은 버섯들은 무시해 버린다. 기후온난화의 시대에는 더욱 그렇겠지만 날짜보다 더 중요한 것이 있기 때문이다. 갓이 모습을 드러내기 몇 달 전부터 땅 밑의 균사체가 성장할 수 있는 조건이 훨씬 더 중요하다. 올해는 비가 충분히 내렸나? 평균기온이 적당했나? 이것이 버섯 시즌의 존재 여부를 좌우하는 결정적인 요인인 것이다.

그와 함께 버섯에게는 아무도 모르는 내적 주기가 있다. 우리가 아직도 다 파악하지 못한 여러 가지 요인에 따라 결정되는 주기이다. 버섯 친구라면 그 주기를 깨닫기까지 고통스러운 경험을 거쳐야 한다. 어떤 땐 떼거리를 지어 우르르 솟아 나오다가 또 어떤 땐 쥐 죽은 듯 고요하니…… 그래서 늦여름과 가을만 되면 혹시 때를 놓칠까 봐 노심초사한다. 자칫 때를 놓치면 다시 일 년, 아니 그 이상을 기다려야 할 테니까 말이다. 다시 버섯 시즌이 돌아올 때까지는 차가운 계절을 지나야 한다. 겉으로 보아서는 아무 일도 일어나지 않는 것 같은 황량한 계절이다. 아닌가? …… 그 눈 덮인 황무지에도 희망은 있는 것일까?

버섯 채집꾼의 한 해를 담은 체코의 균학자 안톤 프리호다Anton Příhoda의 책은 어릴 적부터 내 마음을 완전히 사로잡았다.[19] 계절을 따라 버섯을 찾아다니는 그의 이야기는 너무나도 문학적이고 자연과 버섯을 향한 사랑이 넘쳐났기에 나는 40년이 넘도록 그 책을 적어도 1년에 한 번은 꼭 읽었다. 어찌나 많이 읽어댔는지 책이 너덜너덜해질 정도였다. 대부분은 겨울이 끝나갈 무렵이었는데 해마다 그 책을 읽는 동안엔 자연이 다시 깨어나기를 바라는 갈망이 최고조에 달했고, 대기 중에도 뭔가 봄이 올 것이라는 약속 같은 것이 떠돌았다.

"10월의 사냥 시즌이 돌아와 금작화에 내려앉은 지빠귀의 울음소리를 들을 때면 늙은 사냥꾼도 다시 젊어진 기분이 되듯 나 역시 9월에 햇살을 받고서 비 맞은 이끼에서 솟구치는 버섯의 향기를 생각하면 나이와 시름이 절로 잊힌다." 피에로 칼라만드레이는 이렇게 말했다. 시장이 최고의 반찬이듯 그리움은 마음을 어루만지는 최고의 약이다. 그리움을 타고서 사랑하는 것을 기다리는 마음이 높아만 가기 때문이다. 때론 그 그리움이 너무 짙어 차마 때를 기다리지 못하고 서둘러 달려 나가기도 한다.

겨울 버섯은 어떻게 추위를 견디나

2015년 12월 24일, 나는 빈의 동쪽에 자리한 볼프슈탈의 도나우 강변 숲을 거닐었다. 강 건너편은 슬로바키아의 수도 브라티슬라바이다. 요즘 들어 자주 그렇듯 크리스마스이브인데도 눈은 없고 날씨는 온화했다. 울창하던 강변의 숲은 대부분 사라졌다. 이쪽 편의 도나우 강변은 19세기부터 손을 대기 시작해서 지금은 포플러와 가문비나무만 남았다. 그래도 아직 숲처럼 보이는 자연에 가까운 지역이 조금 남아 있기는 하다.

나는 걸을 때 주로 나무를 쳐다본다. 이 계절에는 버섯의 갓이 나무에서 자주 출몰하기 때문이다. 저 멀리 물푸레나무 한 그루가 눈에 들어왔다, 줄기가 노랗게 반짝였다. 버섯 애호가라면 이런 예감을 잘 알 것이다. 버섯을 찾았다는 깨달음이 들기 직전의 이런 애매한 순간을 말이다. 그날도 그랬다. 누가 봐도 병들어 시들시들한 물푸레나무 줄기 전체가 밑동에서 약 4미터 높이에 이르기까지 이제 막 피기 시작한 반짝이는 팽나무버섯(팽이버섯Flammulina velutipes)의 갓으로 뒤덮여 있었다. 버섯수프를 끓이면 크리스마스에 온 가족이 먹고도 남을 만큼의 양이었다. 밑동이 검은 질긴 자루의 폭신폭신한

옷은 절대 헷갈릴 수 없는 팽나무버섯만의 특징이다.

그럼에도 초보자들은 조심해야 한다. 팽나무버섯과 닮은 독버섯 에밀종버섯 속Galerina 버섯들이 12월까지도 자랄 수 있고 겨울이 따뜻할 경우엔 일 년 내내 자라기 때문이다. 물론 에밀종버섯은 대부분 한 개씩 떨어져서 자라지만, 다발로 자라기도 하고 또 활엽수에서 자라기도 한다. 그 버섯은 많이 먹으면 큰일이 날 수도 있다. 개암버섯 속Hypholoma 버섯들도 조심해야 한다. 독버섯도 있고 식용버섯도 있으니까 말이다. 하지만 맛이 좋은 무리우산버섯 속Kuehneromyces하고는 헷갈려도 아무 문제가 없다. 지금까지 언급한 모든 종은 날씨가 따뜻하면 겨울에도 자랄 수 있다. 또 모두가 나무에서 자라지만 땅에서 자랄 때도 많고 우리 눈에 안 띄게 이끼 틈에 숨어서 자라기도 한다.

팽나무버섯은 10월이면 벌써 고개를 내밀고 겨울이 따뜻할 때는 4월까지도 발견된다. 추위를 잘 견디는 겨울버섯이기 때문이다. 추위를 느껴야 갓을 만들기 때문에 첫추위가 닥치기 전에는 전혀 모습을 드러내지 않는다. 팽나무버섯과 비슷하게 늦가을과 겨울에 자라는 버섯으로는 끈적벚꽃버섯(늦가을진득꽃갓버섯Hygrophorus hypothejus)과 벚꽃버섯 속Hygrophorus의 다른 버섯들이 있다. 이것들 역시 추위를 잘 견디고 온도가 떨어져야 갓을 만든다.

팽나무버섯은 버드나무, 포플러나무, 딱총나무, 물푸레나무 같은 많은 활엽수에서 자란다. 나무의 입장에서는 버섯의 등장이 반갑지 않겠지만 버섯의 친구들에겐 그보다 더한 기쁨이 없다. 사실 팽나무버섯은 굳이 울창한 수풀에 들어가지 않아도 만날 수 있다. 주거지 근처의 정원, 작은 시냇가나 길가에서도 잘 자란다.

열은 주황에서 짙은 주황에 이르기까지 주황색을 띠며 대부분 다발로 자라는 이 버섯은 세계적으로 유명하다. 이 버섯의 세계적 유명세는 절대 과장이 아니다. 유럽에서 일본까지, 심지어 남반구로도 진출하여 호주에서도 이 버섯을 만날 수 있다. 일본에선 이 버섯을 에노키타케, 혹은 에노키라 부르며 마트에 가면 쉽게 살 수 있다. 해마다 100,000톤의 에노키타케가 재배되고 소비되기 때문에 팽나무버섯은 표고버섯에 이어 일본에서 가장 많이 재배되는 식용버섯 2위 자리를 차지한다. 동아시아에선 팽나무버섯 재배가 새로운 일이 아니다. 팽나무버섯은 인간이 의도적으로 재배를 시작한 최초의 버섯 중 하나에 속할 것이다. 중국에선 이미 당나라 시대부터 재배를 했다고 하니 말이다. 전해지는 이야기에 따르면 팽나무버섯 재배는 특별한 노하우가 필요 없다고 한다. 그냥 잘 익은 갓을 미리 생채기를 낸 나무에 대고 비비기만 하면 된다. 병이 들거나 죽은 나무가 정원에 있다면 한 번 직접 시험해 보라. 물론 그러다가 건강한 나무까지 위험해질 수 있으니 주의해야 한다.

실제로 모든 종의 재배버섯은 부생균류이다. 다시 말해 죽은 유기물을 먹고 산다. 하지만 부생균류와 기생균류의 경계는 명확하지가 않다. 기생균류는 부생균류와 달리 산 유기체를 공격한다. 하지만 균류는 선택을 하지 않고 배려를 모른다. 잠복 형사처럼 미래의 제물을 관찰하다가 그것이 자연사할 때까지 기다리지 않는다. 나무가 조금만 허약해져도 때를 놓치지 않고 공격한다. 평소 죽은 나무그루터기와 줄기에서 분해를 담당하는 마음씨 고운 팽나무버섯 역시도 앞서 내가 발견한 그 물푸레나무를 산 채로 공격하였다. 그래서 겉보기엔 생생하지만 그 물푸레나무는 이미 기진맥진이었고 아마 얼마 못 가 죽을 것이다.

이렇듯 아직 산 나무에서도 자랄 수 있지만 팽나무버섯은 임야를 망치는 두려운 해충은 절대 아니다. 녀석이 좋아하는 활엽수 나무는 이미 경제적으로 의미를 잃은 목재이고, 또 다른 많은 버섯 종에 비하면 녀석의 공격성 정도는 새발의 피이기 때문이다.

버섯갓은 어떻게 추위를 이길까?

버섯에 관심을 갖고 잘 관찰해 보면 겨울 내내 팽나무버섯이 자라는 나무를 볼 수가 있다. 죽은 나무가 얼지만 않는다면 버섯은 갓까지 활짝 피운다. 물론 혹한이 찾아올 때는 잠시 성장을 멈춘다. 그래서 죽었구나, 이제 해동하면 다 썩겠구나 싶지만 틀린 생각이다. 팽나무버섯갓은 추위 따위엔 전혀 아랑곳하지 않는다. 그래서 날씨가 풀리면 아무리 혹독하고 긴 추위를 겪었어도 아무 일 없었다는 듯 다시 쭉쭉 성장을 이어간다.

어떻게 그럴 수 있을까? 학자들은 그 이유를 밝혀냈다. 몇십 년 전부터 다른 유기체들을 대상으로 집중 연구를 한 끝에 균류와 박테리아에도 함유된 "결빙방지단백질"을 입증한 것이다. 결빙방지단백질은 정말로 특이한 단백질 집단이다. 얼음결정에 달라붙어서 재결빙을 막고 결정의 성장을 방지하는 것이다. 다들 냉동 딸기를 먹어봤을 것이다. 얼음결정 탓에 세포가 훼손되어 신선한 딸기랑은 맛도 다르고 또 잘 부스러진다. 조직과 세포에서 얼음결정이 제 마음대로 자라면 저온에 노출된 생명체는 죽을 수밖에 없다. 따라서 생명체들은 진화를 거치면서 다양한 방식으로 나름의 방한 방책을 개발하였다.

이처럼 생명체가 만들어내는 동결방지제는 인간이 개발한 동결방지제와 작동방식은 동일하지만 그것만큼 고농도가 아니다. 인간이 만든 동결방지제의 1/300~1/500의 농도만으로도 충분히 자신을 보호할 수 있다. 그러니까 인간은 도저히 모방할 수 없는 방식으로 생겨나는 얼음 결정의 표면과 결합하여 그것의 성장을 멈추고 빙점을 낮추는 것이다.

지금까지 결빙방지단백질은 다양한 척추동물, 식물, 균류, 박테리아에서 발견되었다. 무엇보다 낮은 농도에서도 효과를 발휘하기 때문에 세포의 삼투압에 큰 영향을 미치지 않는다는 장점이 있다.

결빙방지단백질이 정확히 어떻게 작동하는지는 앞으로 집중 연구가 필요한 분야이다. 종마다 작동방식이 다를 수 있고 지금껏 파악하지 못한 부분도 많다. 하지만 그것이 결빙으로 인한 손상을 줄이고 세포막을 튼튼하게 하며 재결정을 막는다는 점만은 확실하다. 이 단백질들은 1차 구조는 다 다르지만 3차원 형태인 3차 구조는 비슷하다. 그것이 단백질들의 작용이 비슷한 이유인 것이다.

수수께끼의 해답을 찾으려는 노력은 1950년대에 시작되었다. 퍼 프레드릭 숄랜더Per Fredrik Scholander는 극지방의 물고기들이 물에서 어떻게 생존할까 의문을 품었다. 물의 온도가 물고기 혈액의 빙점보다 낮은데 어떻게 유유히 헤엄을 칠 수 있을까? 지금 우리는 균류 역시 그런 방어 장치가 있다는 사실을 잘 알고 있다.

어쨌거나 팽나무버섯은 과학자들이 좋아하는 인기 연구 대상이며 심지어 우주선에도 탑승했다. 1993년에 스페이스랩* 미션에 참여하여 인간 동료들이 중력 및 중력의 부재가 진균의 성장에 미치는 영향을 이해하도록 도움을 주었다.

정말로 색깔이 예쁜 민자주방망이버섯Lepista nuda 역시 한겨울에도 성장을 멈추지 않는다. 색깔만 보고 녀석을 적양배추 샐러드에 날 것으로 집어넣고 싶겠지만 절대 그러면 안 된다. 많은 식용버섯들이 그렇듯 이 버섯도 날 것일 때는 독성이 있다. 하지만 열에 약하기 때문에 데쳐 식혔다가 샐러드에 집어넣으면 맛도 좋고 모양도 예쁜 근사한 샐러드 요리가 완성될 것이다.

*스페이스랩 : 영국, 프랑스, 서독 등 유럽 11개국으로 구성되는 ESA(유럽우주국)가 개발한 우주실험실로, 최고 4명의 사람과 각종 기재를 싣고 7~30일간 우주비행을 계속하며 과학·공학 등의 실험을 한다 - 옮긴이

목이와 느타리

추운 계절에 자라는 특별한 버섯들이 있다고는 해도 사실 진정한 버섯 모험의 시간은 지나갔다는 말이 옳을 것이다. 영하 20도에 눈까지 수북 쌓인 곳에서 버섯을 발견하기란 거의 불가능에 가까울 테니 말이다. 다년생이나 명이 긴 나무 버섯들 중에서 눈 모자를 쓰고 앙증맞은 자태를 뽐내는 녀석들도 있겠지만 대부분 딱딱해서 식용은 안 될 것이고 기껏해야 약으로나 불을 피울 때 겨우 쓸 수 있을 것이다.

하지만 이미 알고 있듯 버섯은 한 겨울에도 종적을 감추지 않는다. 우리가 사랑하는 모든 버섯은 물론이고 그것들을 닮은 독버섯들마저 겨울에도 버섯 시즌 못지않게 당당히 살아 있다. 그렇다고 해서 버섯 친구들의 마음이 달래지는 건 아니므로, 모두가 한 마음으로 어서 얼음이 녹고 봄이 오기를 애타게 기다린다. 그렇다고 희망을 완전히 버릴 이유는 없다. 뽕나무버섯 말고도 1월과 2월에 찾아 먹을 수 있는 특별한 버섯들이 있으니 말이다. 겨울 버섯을 이용한 대표적인 요리를 꼽으라면 바로 중국의 궁바오지딩*이다.

*궁바오지딩(宮保雞丁) : 닭고기를 땅콩, 고추, 채소 등과 함께 볶은 중국 요리 - 옮긴이

거의 전 세계에서 자라는 목이버섯은 중국 요리에선 빼놓을 수 없는 식재료이다. 다들 중국요리를 먹다가 시커먼 버섯이 먹기 싫어 골라낸 적이 있을 것이다. 추위에 강한 이 겨울 버섯이 바로 목이버섯이다. 서양에선 이 버섯을 예수를 배반한 유다가 목을 맨 나무에서 자랐다고 해서 "유다의 귀Juda's Ear"라 부르고 아시아에선 "목이(木耳)"라 부른다. 나무의 귀라는 뜻이다. 모양과 성질이 워낙 특이하다 보니 아시아에서도 유럽에서도 이름에 "귀"를 집어넣은 것 같다.

전설에 따르면 유다가 목을 맨 나무는 말총나무이다. 이 버섯이 말총나무에서 특히 잘 자라고 생긴 것이 귀를 닮아서 아마 그런 이름이 붙었을 것이다. 학명 역시 아우리쿨라리아 아우리쿨라-유다에Auricularia auricula-judae이다. 학명 뒤에는 이상하게 생긴 공식 (Bull.: Fr.) Quél.이 붙어 있는데 생물학자가 아니라면 아마 무슨 말인지 모를 것이다. 생각보다 별 것 아니다. 분류학과 명명법의 복잡한 규칙에 따라 이 종의 이름을 만드는 데 참여했던 학자들의 이름을 줄여 적은 것이니까 말이다. 이 경우 참여 학자는 유명한 균학자 장 밥티스트 프랑수아 피에르 불리아르Jean Baptiste François Pierre Bulliard, 엘리아스 마그누스 프라이스Elias Magnus Fries, 루시앙 켈레Lucien Quélet이다.

말린 목이버섯은 물에 불리면 크기와 부피가 몇 배로 늘어난다. 생긴 것은 꼭 해초를 닮았고 그 자체로 특이한 맛이 없지만 대신 조리 양념을 잘 빨아들인다.

중국에선 목이버섯을 식재료뿐 아니라 의약품으로도 사용한다. 이것이 혈액의 유동성을 개선하고 면역을 강화하여 콜레스테롤 수치를 낮추고 염증을 억제하며 동맥경화와 순환장애를 완화하기 때문이다.[20] 백색부후 현상의 원인균인 목이버섯은 산 나무에도 기생하지만 죽은 나무에서도 잘 자란다. 목이버섯이 제일 좋아하는 나무는 앞에서 말했듯 말총나무이고 겨울에 숲과 비슷한 환경에서 자주 발견된다. 심지어 눈으로 덮인 곳에서도 고개를 내미는데 추위를 잘 견디기 때문에 한 겨울 눈 속에서도 잘 자라는 것이다.

누구에겐 친구지만 누구에겐 적

또 다른 겨울 버섯으로는 세계 어디서나 볼 수 있는 느타리버섯이 있다. 앞서 말한 친구들처럼 느타리 역시 죽은 나무에서 살거나 허약해진 산 나무에 기생하며, 주로 활엽수에 터를 잡는다. 진짜 겨울 버섯답게 영하 11도가 되면 버섯갓을 피우고 영하의 기온에서도 포자를 만들 수 있다. 요즘은 어디서든 느타리버섯을 재배하기 때문에 마트에 가면 손쉽게 살 수 있을 테지만 숲에서 직접 찾아서 딴다면 아주 특별한 기쁨을 맛볼 수 있을 것이다.

물론 버섯 채집꾼에게 기쁨을 선사하는 이런 귀한 선물도 산림관리인에겐 골칫덩이이고 선형동물에겐 공포의 대상이다. 땅속의 가장 중요한 생명체의 하나인 그 선형동물들 말이다. 앞에서도 많은 버섯이 균사로 올가미를 만들어 선형동물을 붙잡을 수 있다고 설명한 적이 있다.

느타리버섯 역시 그 분야의 전문가이다. 녀석은 독을 만들어 선형동물을 마비시키거나 즉사시킨다. 그런 후 균사를 선형동물의 몸으로 뻗어 그것의 양분을 빨아먹는다. 그러니까 우리가 아무것도 모르고 기분 좋게 거니는 겨울 숲의 땅 밑에선 수많은 무시무시한 드라마가 펼쳐지는 셈이다. 다행히 선형동물은 비명을 지를 줄 모른다. 물론 인간이 재배하는 느타리버섯은 선형동물을 먹지 않는다. 그래도 느타리버섯은 못 먹는 것이 없어서 나무에서 시작하여 짚, 톱밥, 온갖 식물의 부산물, 커피콩 과육, 커피 앙금, 곡물, 심지어 종이에 이르기까지 거의 모든 유기물질을 먹어치운다.

양송이와 표고와 함께 느타리버섯은 가장 중요한 재배 버섯으로, 전 세계에서 몇 백만 톤이 생산된다. 또 식용에 그치지 않고 대체의학의 약품으로도 많이 활용된다. 마트까지 가기도 귀찮다면 인터넷으로 버섯재배 키트를 주문해서 직접 키워도 좋다. 한 번 키워보라. 가격도 싸고 키우는 재미도 쏠쏠할 것이다.

겨울에 만날 수 있는 모든 식용 및 식용불가 버섯 종을 다 열거하자면 끝이 없을 것이다. 가령 겨울의 날씨가 어떠냐에 따라 술잔버섯Sarcoscypha coccinea이나 그 친척들이 황량한 겨울 숲의 땅을 장식할 것이기 때문이다. 술잔버섯은 아무도 먹지 않는다. 버섯 책에도 "식용가치가 불확실하다" 거나 "식용버섯이 아니다"라고 적혀 있다. 아마 지금까지 아무도 먹어보지 않았을 것이다. 그 새빨간 색깔을 보면 누구나 절로 흠칫하게 될 것이기 때문이다.

봄에 깨어나는 자연과 버섯

아직 눈을 뒤집어쓴 햇살이 따뜻한 산비탈에 히그로포루스 마르주올루스(3월 벚꽃버섯Hygrophorus marzuolus)의 흰색이나 쥐색 갓이 고개를 내밀면 봄의 시작을 목격한 것만 같아 마음이 절로 설렌다. 잘만 따면 새해 첫 버섯 잔치를 할 수도 있을 것이다. 녀석의 친척인 끈적벚꽃버섯(늦가을진득꽃갓버섯Hygrophorus hypothejus)은 앞서 추운 겨울에 이미 만나보았고, 그것 말고도 이 벚꽃버섯 속에는 갓의 수분 함량이 높은 버섯 종들이 많다. 속의 학명 *Hygrophorus* 중에서 *Hygro*는 "젖었다"는 뜻이고 *phorus*는 "담고 있다"는 뜻이므로 *Hygrophorus*는 수분을 담은 생명체라는 뜻이다. 한 해의 첫인사를 건네는 이 버섯들은 홀로 독야청청하는 타입이므로 다른 버섯과 헷갈릴 걱정을 안 해도 된다.

이 균근 균류인 버섯은 겨울이 정말 따뜻할 때는 1월부터 고개를 내밀지만 보통 때는 2월 하순에 눈이 녹자마자 모습을 보인다. 지역적으로 차이는 있겠지만 종이 풍부한 산의 혼합림에 흰전나무, 가문비나무, 소나무, 너도밤나무 같은 침엽수와 몇몇 활엽수 아래에서 발견할 수 있고 따뜻한 지역에선 밤나무와 참나무, 개잎갈나무 아래에서도 많이 자란다.

요리맛솔방울버섯Strobilurus esculentus 역시 겨울이 온화할 때는 더 일찍 나오겠지만, 그렇지 않을 경우에도 2월에 눈이 녹기 시작하면 자주 눈에 띈다. 학명의 종명인 *esculentus*는 식용이 가능하고 맛이 부드럽다는 뜻이다. 가문비나무 송방울이 있고 습기가 충분한 곳이면 이 버섯 종을 지천에서 만날 수 있다. 하지만 이 녀석은 함부로 먹으면 안 된다. 같은 시기, 같은 조건에서 비슷하게 생긴 미세나 스트로빌리콜라Mycena strobilicola가 출몰하기 때문이다. 이것은 불쾌한 염소 냄새가 나고 먹을 수 없다.

버섯과 함께 하는 이런 겨울 숲 산책을 우리는 하염없이 이어갈 수 있을 것이다. 겨울 숲에서 찾은 버섯이 매력적인 것은 아무래도 그 계절에는 식용버섯을 찾기가 쉽지 않기 때문일 것이다. 그러니 단단히 작정을 하고 나서야 할 것이며 어느 정도 기술도 갖추어야 한다. 다음 장에서는 겨울의 숲보다 훨씬 더 특이한 버섯 탐험 장소를 찾아가 볼 생각이다. 먼저 잠수마스크와 스노클부터 챙겨야 할 것이다. 다음 장에서 소개할 버섯들은 계절을 가리지 않는다. 어디에나 있지만 대부분 우리가 모르거나 못 보는 것들이다. 바다나 강 중 어느 쪽으로 들어가건 상관없다. 어차피 버섯은 어떤 물에서도 살고 있으니……

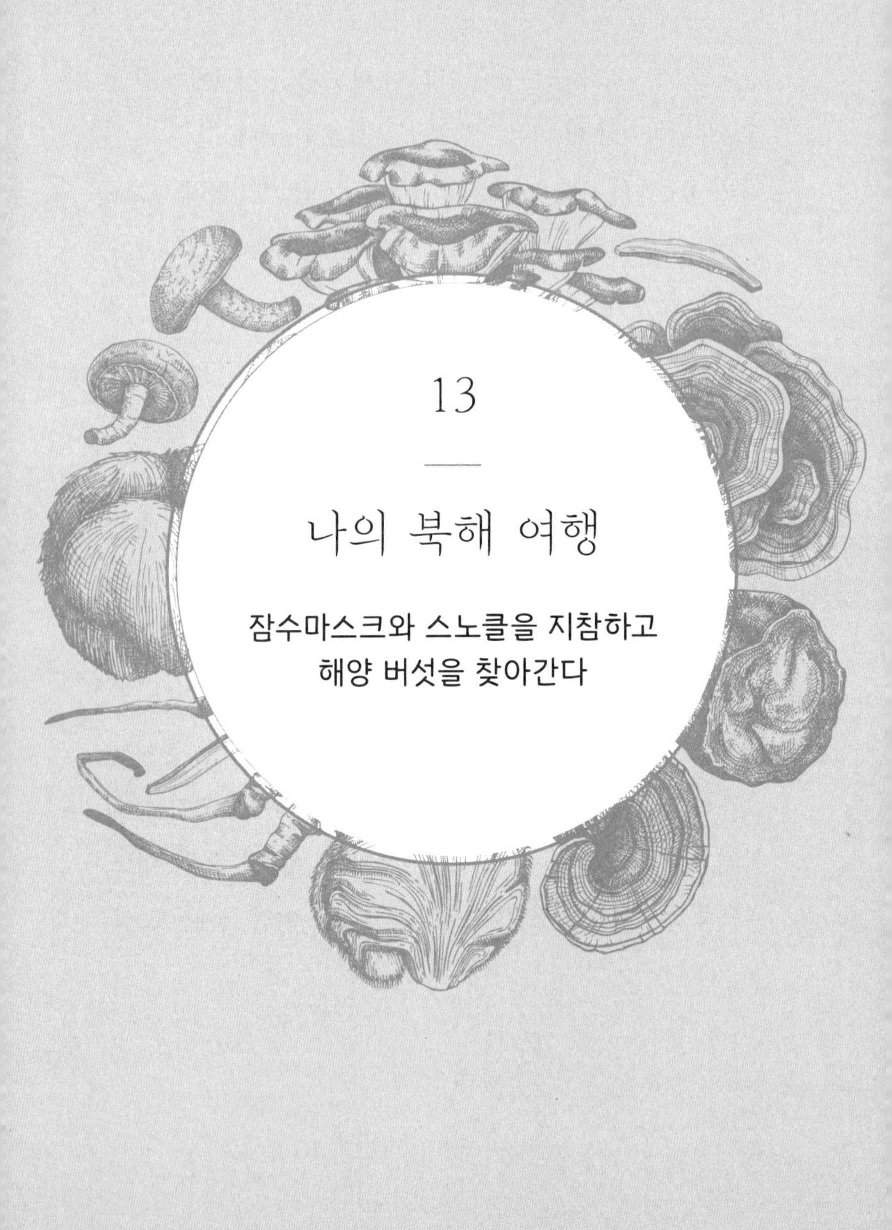

13

나의 북해 여행

잠수마스크와 스노클을 지참하고
해양 버섯을 찾아간다

해양균류는 물기둥과 바다밑바닥뿐 아니라
심해에서도 해양생태계의 중요한 구성요인이다.

매그너스 이바르손, 스웨덴 자연과학 박물관

대부분의 사람들은 바다에 균류가 산다는 말을 한 번도 들어본 적이 없을 것이다. 그건 오래전에 공부를 마친 생물학 전공자들도 마찬가지일 것이다. 하지만 바다에는 어디서나 엄청난 숫자의 균류가 살고 있다. 바다에서도 이 녀석들이 육지의 친구들 못지않게 물질순환과 먹이사슬에 지대한 공을 세우고 있는 것이다. 스웨덴 자연과학 박물관의 매그너스 이바르손은 한술 더 떠서 이렇게 말한다. "균류는 해저에서 가장 흔한 복잡한 단세포생물일 수 있으며…… 해저 현무암에도 널리 퍼져 살 수 있다. 그렇다면 균류가 해저 생물권의 일부일 것이므로 이 생태계는 우리 생각보다 엄청 더 복잡할 것이다." 물론 해양 균류가 단순히 그물버섯, 큰갓버섯, 꾀꼬리버섯의 해양버전일 것이라고 생각한다면 그건 잘못이다. 녀석들은 미생물이기 때문에 현미경을 동원해야 겨우 볼 수 있고, 그마저 필요한 기술을 익힌 전문가들만이 할 수 있는 일이다. 안타깝게도 그런 기술을 갖춘 전문가들은 해양균류와 달리 너무나 희귀한 종이라는데……

사해에서도 살아남은 생존의 기술자들

호면이 해면보다 약 430미터나 낮은 사해는 사실 바다가 아니라 염분이 높은 내해이다. 그곳은 균류가 일시적으로나마 얼마나 극한의 환경에서 살 수 있는지를 보여주는 기가 막힌 장소이다. 짐나셀라 마리스모르투이Gymnascella marismortui 같은 종은 사해의 물에서 채집되었는데, "죽음의 바다"의 그 엄청난 염분농도를 어떻게 견디고 살 수 있는지 놀라울 따름이다. 사해의 염분 농도는 보통 바닷물의 10배를 넘어서 최고 34%에 달하며 PH 지수는 6.0이다. 이 짐나셀라Gymnascella 속은 심지어 사해 토종이며 아마 사해 말고는 어디에서도 살지 않을 것이다. 지금껏 "사해" 생태계에서 추출된 균류는 이미 70종에 이른다.

1980년과 1992년에 그랬듯 가끔씩 호수 물이 붉어지는 현상이 단세포 녹조류 두나리엘라Dunaliella와 붉은빛의 고세균Archae 때문이라는 것은 이미 오래전에 밝혀진 사실이다. 하지만 난균문(유색조식물Oomycota), 털곰팡이아문Mucoromycotina, 자낭균문, 담자균문의 70종도 옆에서 열심히 도왔다는 사실은 미처 몰랐다. 그중에는 아스페르길루스 테레우스Aspergillus terreus, 페니실리움 웨스트링기Penicillium westlingii, 클라도스포리움 클라도스포리오이데스Cladosporium cladosporioides, 유로티움 헤르바리오룸Eurotium herbariorum처럼 우리가 잘 아는 이름도 등장한다. 물이 유입되어 염도가 낮아지는 곳에선 아무래도 균류 역시 살아남기가 용이해서 수명이 길어진다. 하지만 순수 사해 물에서도 많은 종이 최고 8주까지 살 수 있다.

2000년이 시작될 무렵 염전에서 데바리요미세스 한세니Debaryomyces hansenii, 호르테아 베르네키Hortaea werneckii, 왈레미아 이치오파가Wallemia ichthyophaga 같은 균류들이 새롭게 발견되었다. 하지만 우리가 잘 아는 아스페르길루스Aspergillus, 페니실리움Penicillium, 클라도스포리움 Cladosporium 속의 대표주자들도 염도가 높은 극단의 조건을 견뎌낼 수 있다. 최근까지만 해도 박테리아와 고세균 같은 원핵생물들만 그런 염도를 견딜 수 있다고 생각했다. 그러나 지금까지 알려진 최고 기록보유자는 담자균문의 왈레미아 이치오파가Wallemia ichthyophaga로, 녀석은 염도가 15% 정도 되어야 편안함을 느낀다. 덕분에 녀석은 현재 생물학의 모델 유기체로 중요한 역할을 하고 있다.

물속에서 만나는 갓 버섯

앞에서도 말했듯 해양균류는 단순한 육지버섯의 해양버전이 아니다. 하지만 모든 규칙에는 예외가 있는 법, 2005년에 드디어 주목할 만한 균류가 발견되었다.[21] 생긴 것이 "보통" 버섯하고 똑같은데 실제로 물 밑에서 사는 것 같은 균류가 발견된 것이다. 5년 후 프랭크Frank와 코팬Coffan은 이 특이한 종에게 프사티렐라 아쿠아티카Psathyrella aquatica라는 이름을 붙여주었다. 분자 연구 결과 이 종의 독자성이 확인되었고, 국제 생물종 탐사 연구소(International Institute for Species Exploration : IISE)가 이 특이한 종을 2011년 새로 발견된 탑 10종에 선정할 정도로 학계는 열렬한 관심을 보였다.

프사티렐라 아쿠아티카는 얼른 보기에는 다른 버섯들과 차이가 없지만, 수심 0.5미터의 흐르는 물에서 갓을 만드는 주름버섯 종으로는 처음으로 학계에 보고되었다. 이 균류는 계속해서 물 밑에서 사는 것 같고 심지어 강한 조류에도 끄떡하지 않는다. 심지어 물밑에서 검은색의 포자까지 흘려보낸다.

현재 많은 학자들은 균류가 원래 물에서 진화하였다고 생각하지만, 1차 해양종과 2차 해양종을 구분한다. 전자는 진화하는 내내 물을 한 번도 떠난 적이 없지만 후자는 바다에서 육지로 올라왔다가 다시 바다로 돌아갔다. 그런 식의 놀라운 발생사적 변이는 균류만의 현상이 아니다. 가령 많은 거북류가 진화 과정에서 여러 차례 육지와 바다를 오갔다.

해양 균류는 가장 큰 세포의 크기가 2~200 마이크로미터밖에 안 된다. 갓과 몇 밀리미터 길이의 다세포 균사 같은 조직도 거의 만들지 않는다. 그러니까 해양균류의 조직은 육지의 친척에 비해 훨씬 작다. 크기만이 인상적인 것이 아니다. 생태계에 미치는 영향력 역시 육지균류는 도저히 따라갈 수 없을 만큼 지대하다. 해양균류는 바닷물 혹은 침전물 1리터 당 최고 수십만 개에 이를 정도로 그 밀도가 대단하기 때문이다.

해양균류는 진짜로 존재한다

하지만 이런 깨달음을 얻기까지 해양균학의 선구자들은 실로 가시밭길을 걸었다. 대부분의 동료들이 해양균류를 망상이라고 믿었으니 말이다.

독일의 대표적인 선구자로는 카르스텐 샤우만Karsten

Schaumann을 꼽을 수 있다. 그는 1969년에 이미 "북해의 섬 헬골란트의 나무배지에서 자라는 해양진균류"를 주제로 논문을 썼다. 하지만 학술 논문의 마지막 관문이라 할 토론이 정말로 힘들었다. 그의 표현대로 "지금까지 다른 저자들이 그와 관련된 글을 발표한 적이 없었기 때문에 비판을 포함한 어떤 비교도 불가능"했기 때문이다. 샤우만은 그의 논문에서 고등해양균류 26종을 자랑스럽게 소개하였다. 몇 종을 제외하고는 모두 새롭게 발견한 종이었다. 그중에는 18종의 자낭균문, 8종의 불완전균문도 포함되어 있었다. 얼마 안 가 해양균류는 450종이 더 늘어났는데, 담자균류가 7속과 10종, 자낭균문이 177속과 360종이었다.

젊은 시절에는 나도 동료들과 다를 바 없이 해양균류에 대해서라면 완전 문외한이었다. 하지만 카르스텐 샤우만 덕분에 해양균류에 관심을 갖게 되었고 2000년에 그를 통해 해양균류의 비밀을 접하게 되었다. 그 후 영광스럽게도 지중해에 관한 책의 해양균류 장을 그와 함께 맡아 집필하였다.[22] 이후에도 해양균류에 대한 관심을 꾸준히 이어갔기에 나는 이 책에서도 짧게나마 해양균류를 언급하는 것이 당연하다고 생각했다. 숲에서 만나는 전통적인 버섯과는 전혀 다른 모양이기 때문이기도 하거니와 무엇보다 해양균류에 대한 지식이 대부분의 독자들에겐 새로울 것이기 때문이다.

지금은 만사가 훨씬 간편하다. 잘 알려지지 않은 해양균류에 대해 정확히 알고 싶으면 marinespecies.org에서 찾아보면 된다. 2016년 말 "버섯 왕국Kingdom Fungi"에 포함된 균류는 1,370종으로, 자낭균문이 979종, 담자균문이 56종, 호상균문이 40종이며, 그 밖에 분류가 불확실한 균류들도 있다.

깊은 생물권에 사는 균류들

앞서 소개한 매그너스 이바르손의 보고는 해양균류와 관련하여 아직도 얼마나 많은 비밀이 우리를 기다리고 있는지를 입증한다.[23] 그가 몸담은 스웨덴 자연과학 박물관은 하와이 주변의 해저에서 건져 올린 코어샘플을 연구한다. 거기서 미세한 선형생물 화석이 발견되었는데 처음엔 모두가 박테리아라고 생각했다. 이바르손의 이야기를 들어보자. "그 밑에 다른 무엇이 살았겠는가? 그 화석은 수심 150~900미터의 해저에서 건져 올린 현무암에서 발견된 것이었다. 그런데 싱크로트론 엑스레이Synchrotron X-ray와 특수 염색기술로 그 화석을 자세히 분석한 후 우리는 그것이 박테리아가 아니라 균류일 것으로 추정하였다"

이바르손은 소위 "깊은 생물권"을 연구한다. "깊은 생물권"이란 아직 거의 알려진 바가 없는 지각의 생물권을 말한다. 19세기 중반까지만 해도 대부분의 학자들이 "무생대 이론"을 근거로 심해에는 생명이 살지 않는다고 생각했다. 무생대이론에 따르면 추운 심해 지역은 수압이 높고 빛이 들지 않아서 생명이 살 수 없다. 그러나 지금 우리는 대양의 해저에 쌓인 침전물 표층에 생명이 산다는 사실을 알고 있다. 그럼에도 심해의 화강암이나 현무암의 표층에서 미생물이 살고 있다는 사실은 참으로 놀라운 일이다. 이 심해 생물권의 생활공동체에는 주로 박테리아와 고세균, 바이러스가 살고 있지만, 다들 알다시피 균류도 빠지지 않는다.

대양의 지하세계

새로운 발견은 "지하세계"로 들어가는 문을 열어주었다. 전혀 예상치 못했던 생명의 세상이 지각에서 다시 몇 킬로미터 아래로까지 뻗어 나간 것이다. 그곳에서 호열성 고세균들이 110도가 넘는 극단적인 온도에서 살고 있다. 생명이 멈추려면 적어도 대양의 지각에선 5킬로미터, 대륙의 지각에선 10킬로미터 아래까지는 내려가야 할 것 같다. 어쨌건 지구 바이오매스의 30~50%가 이 지하 세계에 숨어 있을 것으로 추정된다.

매그너스 이바르손의 설명을 더 들어보자. "해양균류는 물기둥과 바다 밑바닥뿐 아니라 해양생태계 어디서나 만날 수 있는 중요한 구성요인이다. DNA 연구 결과들은 균류가 해저에서 가장 자주 만날 수 있는 복잡한 단세포 생물일 수 있다고 말한다. 그런 연구 결과를 바탕으로 이제 우리는 균류가 바닷속 현무암에도 널리 퍼져 있다고 생각한다. 그렇다면 균류는 깊은 생물권의 일부이고, 그곳의 생태계는 우리 생각보다 훨씬 더 복잡할 것이다. 그곳에 박테리아와 고세균만 사는 것이 아니니까 말이다."

원핵생물이나 박테리아, 고세균이 지하세계에서 살아남았다는 생각은 어쩐지 납득하기가 쉽다. 지구가 지금과는 전혀 다른 모습이었을 때 녀석들이 지구 생명의 개척자들이었으니 말이다. 하지만 균류는 복잡한 진핵생물이고, 앞에서도 여러 번 설명했듯 식물보다는 동물과 더 가깝다.

그러니까 당황스러운 사실이 새롭게 밝혀진 것이다. 숲의 지하세계뿐 아니라 대양의 지하세계도 균류로 가득하다. 코어

샘플이 말해주듯 균류는 수백만 년 전 뜨거운 화산 근처의 석회로 가득한 화산 현무암 틈새에서 살았다. 지금 학자들은 그런 균류의 대표주자들을 더 많이 찾기 위해 노력 중이다. 그사이 균류가 적어도 바다 밑바닥의 화산온천 주변에서는 살 수 있다는 사실이 밝혀졌다. 극단적인 생활환경에서 다양한 호상균류와 지금껏 거의 알려지지 않은 원시 균류들이 발견되기도 했다. 이 녀석들이 균류의 초기 진화에 대한 새로운 인식을 열어줄 것이고 이런 극한환경 진핵생물의 생태학적, 생리학적 기술에 대해서도 많은 것을 알려줄 수 있을 것이다.

공생과 적대적 인수합병

하지만 이쯤에서 다시 해수면으로 올라가 보기로 하자. 바다 생물을 양식하는 바다 농장들은 균류에 관심을 가질 수밖에 없다. 라게니듐Lagenidium, 할리프토로스Haliphthoros, 할리오티시다Halioticida, 아트킨시엘라Atkinsiella, 피티움Pythium 속의 균류들 중에는 조개와 양식 달팽이를 감염시키는 병원균이 있기 때문이다. 또 푸사리움Fusarium, 오크로코니스Ochroconis, 액소피알라Exophiala, 스키탈리디움Scytalidium, 플

렉토스포리움Plectosporium, 아크레모늄Acremonium은 물고기를 해칠 수 있다. 그러니 우리 모두 원하건 원치 않건, 양식업자이건 학자이건 해양균류에 대해선 모른 채 하고 지나칠 수가 없는 것이다.

갈조류, 홍조류, 녹조류 등 생태학적으로 매우 중요한 해조류는 해양 생태계의 주요 1차 생산자이다. 하지만 그동안 이 해조류에 관심이 많았던 사람들도 점차 균류로 눈길을 돌리고 있다. 지금껏 균류가 세포 내공생자endosymbionts로 대형조류macroalgae에 붙어살 수 있다는 사실을 아무도 몰랐기 때문이다.[24] 물론 그와 관련된 연구는 아직 시작 단계이지만 엄청난 잠재력이 예상된다. 균류는 항암, 항박테리아, 항균, 살충, 항산화 및 기타 생체활성 물질을 생산하여 파트너를 지원하기 때문이다. 인도 남부에서는 해조류에서 푸사리움Fusarium 속의 균류 하나를 발견하였는데, 그것이 말라리아를 예방하는 효과적인 대사물질을 만들어내며, 인간의 혈액에서 생명을 위협하는 열대 말라리아 병원균 열대열원충Plasmodium falciparum과 싸운다는 사실이 밝혀졌다. 그사이 해조류에서 찾아낸 공생 균류는 수없이 많다. 참으로 매력적인 연구 분야가 아닐 수 없다. 자연은 먹고 먹히는 관계가 아니다. 자연은 본질적으로 협력을 바탕으로 상호 이익을 꾀하는 공생의 관계이다.

산호에 사는 균류

다양한 종을 자랑하는 아름다운 산호에서도 균류는 적지 않게 중요한 역할을 담당한다. 그곳의 균류는 세포 내공생자, 병원성 균류, 석회암을 파고들어 가거나 그 안에서 사는 천공성 균류, 죽은 유기물을 먹고사는 부생균류이다. 천공성 균류는 1973년에 이미 밝혀진 바 있지만 그것이 산호 생태계에 지대한 영향을 미친다는 사실은 한 참 후에야 알려졌다. 균류는 공생에서 기생에 이르기까지 온갖 형태의 상호작용을 통해 산호의 세계에서 중요한 역할을 맡는다. 산호의 백화현상, 산호초를 만드는 돌산호목Scleractinia의 멸종과 퇴색이 해양보호의 주제로 부상한 지는 오래되었지만, 이 반갑지 않은 현상이 바닷물온도의 상승 때문만은 아니다. 인간이 일으키는 환경오염으로 산호의 면역성이 떨어지면 수많은 병원성 균류가 산호를 위협한다. 그 미세한 균류들도 산호의 멸종을 불러오는 원인인 것이다.

의학에 사용되는 해양균류

전 세계 수많은 유명 연구소들이 해양균류에 숨은 약용물질을 찾기 위해 팔을 걷어 부치고 나섰다. '균류'라고 하면 흔히 해면이나 다른 무척추동물을 떠올리기 쉽다. 해양균류들 역시 육지의 친구들과 유사하게 상호이익을 추구하는 공생관계를 맺을 수 있다. 그럴 경우 어느 쪽이 어떤 물질을 만드는지를 명확히 밝히기가 힘들다. 지금도 수많은 작용물질들을 정밀 연구하고 있지만 그것을 임상에 직접 활용할 수 있기까지는 아직 멀고도 험한 길이 남아 있다. 해양균류의 분리주 Isolate가 생물학적 활성이 있다는 사실을 이미 알고 있지만 그 작용물질 각각과 그것의 작용 원리를 파악하는 것은 실로 힘든 일이기 때문이다.

독일 킬의 크리스티안 알브레히트 대학에서 지중해를 연구하는 학자들이 해면에서 빗자루곰팡이Scopulariopsis brevicaulis를 분리하는 데 성공했다고 발표했다. 그 곰팡이를 실험실에서 조사해 보았더니 그것의 펩타이드가 췌장암과 대장암세포의 성장을 억제하였다. 학자들은 유전자 분석을 통해 해당 유전자를 확인했고, 펩타이드를 합성 제조하고 변이 시키는 데 성공했다. 유럽연합 역시 오래전부터 해양균류 연구를 지원하고 있다. 해양균류에서 나온 항암 물질이 앞으로 인류의 미래를 밝혀줄 수 있을 것이다.

하지만 생물분류학 교과서에선 아직도 해양균류를 발견할 수 없다. 해양균류를 독자적인 분류 집단으로 보기보다는, 서로 친척은 아니지만 모두가 바다에 살고 서식지의 물질교환에 참여하는 종들의 집합으로 생각하기 때문이다. 해양균류는 바다에서만 살고 바다에서만 번식하는 필수적 해양균류obligate marine fungi와 바다 밖의 다른 생활환경에서도 사는 선택적 해양균류facultative marine fungi가 있고, 마지막으로 좀 복잡하게 들리는 이름의 집단인 해양 균류 분리주marine fungi isolate가 있다. 이것들은 바다에서 생존 및 성장이 가능하지만 바다의 물질교환에 적극적으로 참여하는지의 여부는 불투명하다.

바람과 물이 육지나 담수에 사는 균류의 포자를 대량으로 바다로 실어온다. 앞서 배웠듯 대기 중에는 천문학적인 숫자의 포자가 떠다니고 그것들은 심지어 바람을 타고 대양을 건널 수도 있다. 그러니까 바다 어디서나 균류의 포자가 발견된다. 하지만 이것들은 해양균류가 아니다. 바다에서 성장하지도 번식할 수도 없고 바다의 물질교환에 적극 참여하지도 않기 때문이다.

이제 그만 잠수 마스크와 스노클을 벗어두고 바다를 떠나 저 멀리 아프리카 사바나와 남미의 열대우림으로 떠나가 보자. 거기서도 우리의 중심 주제는 공생일 테지만 이번에는 파트너가 다르다. 식물, 나무, 해조류는 물론이고 수많은 개미와 흰개미들 역시 균류가 없는 삶을 상상조차 할 수 없다고 하니 말이다.

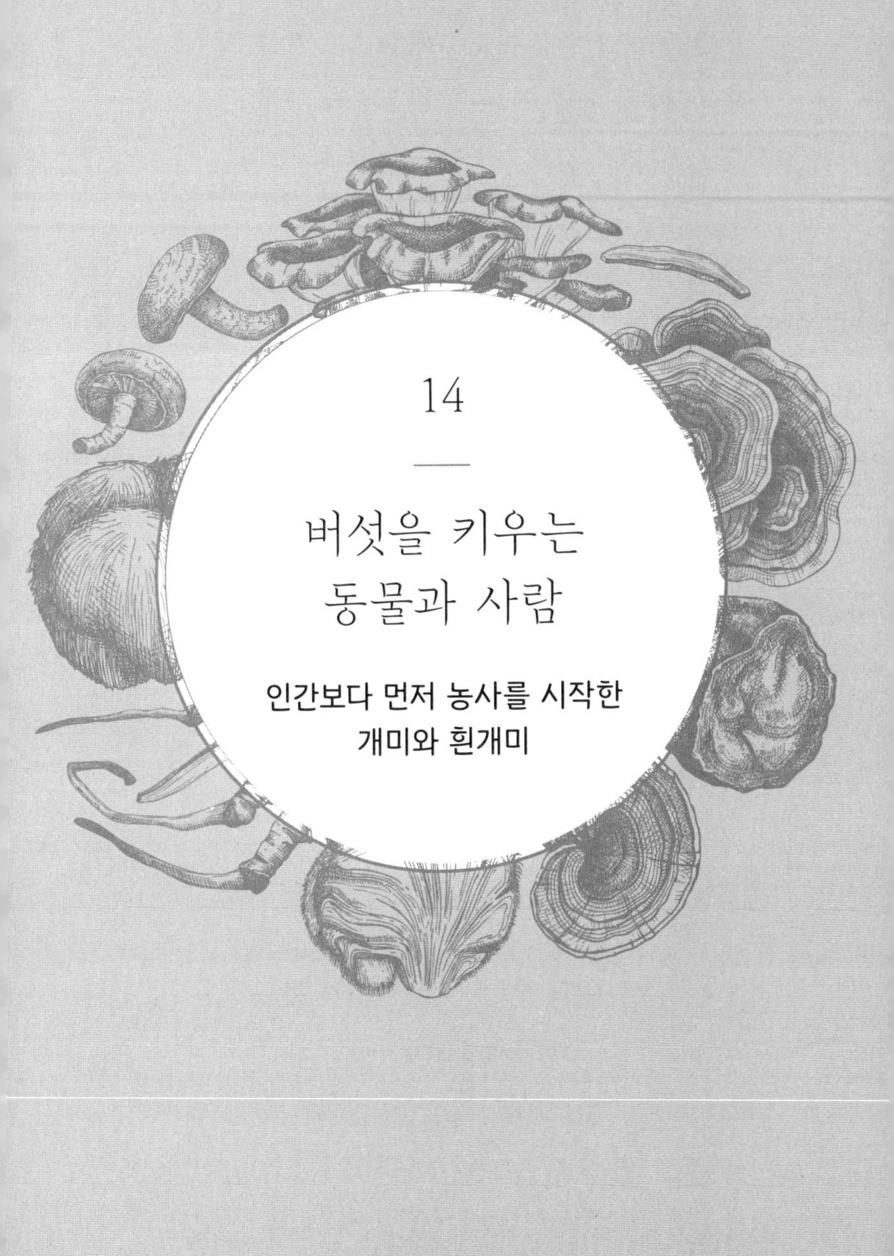

14

버섯을 키우는 동물과 사람

인간보다 먼저 농사를 시작한 개미와 흰개미

균류재배는 고도로 발달한 조직을 갖춘
집단에서만 가능하다.

G. 폰 나츠머, 개미와 흰개미의 생활에 나타난 수렴에 대하여. 1915년

개미는 삼척동자도 다 아는 곤충이다. 하지만 개미의 다채로운 먹이사냥 전략을 아는 사람은 그리 많지 않다. 뭐든 다 먹는 잡식 형은 드물어서 대부분의 개미가 많건 적건 특수한 먹이에 집중한다. 가령 개미가 진딧물을 보호해 주는 대신 진딧물이 배설하는 단물을 빨아먹고 산다는 말은 다들 들어보았을 것이다. 또 군대개미처럼 거미나 메뚜기 등 다른 곤충을 잡아먹고사는 육식개미도 있다. 식물의 씨앗을 모아 먹고사는 개미가 있는가 하면 필요하면 남의 것을 훔치거나 아예 대놓고 무리를 지어 강도짓을 하는 개미도 있고, 노예를 부리며 놀고먹는 기생하는 개미도 있다. 그리고 균류를 재배하는 개미도 있다. 이 개미들은 땅 밑에서 버섯 농장을 가꾼다. 인류가 태어나기도 전, 그리고 인류가 개미를 따라 농사를 지어보자는 생각을 하기도 전부터 오래오래 버섯을 재배해 온 것이다.

잎꾼개미(가위개미)들은 버섯 농부

스미소니언 자연사 박물관의 곤충학자 테드 슐츠Ted Schulz의 말부터 들어보자. "**동물 세계에서 농사는 아주 드물다 (……)**

우리가 아는 동물 집단 중 이런 종류의 농업을 개발한 동물은 4가지뿐이다. 개미, 흰개미, 나무좀, 인간."

버섯을 재배하는 흰개미는 족히 3천만 년 전부터 존재했다. 하지만 무리를 지어 사는 곤충들, 구체적으로 말해 개미의 경우 그보다 훨씬 전부터 균류와 이 멋진 형태의 공생을 시작했다. 지금으로부터 약 5천만 년 전 지금 개미들의 공동 조상이 균류를 재배하기 시작한 것이다. 특히 2천5백만 년 전에는 다양한 "농법"을 개발하였는데, 그중 가장 유명한 전략이 지금 잎꾼개미들이 사용하는 방식이다. 녀석들은 나뭇잎을 잘라 집으로 가져가 그 배지에 균류의 농장을 만든다. 한 무리가 하루에 어른 소 한 마리가 먹을 양의 잎을 자를 수 있다. 아타 속Atta의 많은 종은 한 무리가 최고 8백만 마리여서 어른 소 한 마리의 바이오매스에 해당한다. 사실 이 정도 크기의 개미 무리는 정말 쎄고도 쌨다. 그러니 인간이 이 개미 농사꾼들과 싸우기 위해 화학약품까지 동원하는 것도 알고 보면 놀랄 일이 아닌 것이다.

인간 농부들도 농사법이 다 다르듯 개미의 균류 농사법도 각양각색이다. 나뭇잎을 배지로 사용하는 잎꾼개미만 해도 아타와 에크로머멕스Acromyrmex 속의 200종 이상이 학계에 보고되었다. 또 풀만 전문적으로 취급하는 개미들도 있다. 개미가 나뭇잎을 먹지 않고 특수 균류를 키울 배지로 사용한다는 사실은 1874년에 이미 자연과학자 토머스 벨트Thomas Belt가 밝혀내었다. 하지만 당시만 해도 개미 무리의 규모가 어느 정도인지는 가늠하지 못했다. 잎꾼개미의 여왕개미 한 마리는 평생 최고 1억 5천만 마리의 일개미를 낳을 수 있고, 개미의 한 무리에서는 2~3백만 마리가 동시에 살 수 있다고 한다. 브라질에선 개미집의 내부와 균류 재배실에 대해 더 자세히 알기 위해 석고 물을 개미집에 들이부었다. 그랬더니 사방으로 뻗어나간 개미집은 면적이 50평방미터에 달했고 깊이가 8미터였다. 크기가 다른 방이 최고 천 개에 달했으며, 그중 390곳의 방에 균류의 농장이 조성되어 있었다. 뿐만 아니라 양분을 다 빨아먹은 나뭇잎과 죽은 균사체를 버리는 쓰레기장도 있었고 심지어 죽은 동료를 두는 묘지방도 있었다.

그런 식의 활발한 농경활동이 생태계에 아무 영향을 미치지 않을 리 없다. 개미들은 대량의 흙을 이동시켜 통풍을 시키고 양분을 순환시켜 다른 생명체에게 도움을 줌으로써 생태계에서 지대한 역할을 한다. 정글의 땅은 양분이 극도로 빈약한데, 잎꾼개미가 열심히 일을 하면 최고 10배로 비옥해질 수 있다.

버섯농장의 삼각관계

아타와 에크로머멕스 속의 남미 잎꾼개미들은 곰팡이 종의 균류인 아타미세스 브로마티피쿠스Attamyces bromatificus를 키운다. 그런데 여기에 박테리아까지 가세하여 개미, 균류, 박테리아의 삼각공생관계가 형성된다. 개미는 나뭇잎과 식물을 집으로 가져와 잘게 씹어 죽 같이 걸쭉한 덩어리로 만든 후 균류가 자랄 특수 배지로 사용한다. 그럼 균류는 식물에 함유된 셀룰로오스를 분해한다. 이때 둘은 서로를 무척 배려한다. 균류가 자랄 배지에는 최대한 살균제가 없어야 하고, 균류가 거미를 위해 만든 양분 역시 살충제 성분이 없을 뿐 아니라 개미가 활용하기 좋아야 한다. 따라서 균류는 예방 차원에서 식물 찌꺼기에 남은 살충 물질을 분해한다.

아타미세스는 균사 끝부분을 불룩하게 부풀려 단백질이 풍부한 혹을 만든다. 생물학자들은 그것을 공길리디아gongylida 라고 부르는데 개미가 먹을 양분과 단백질이다. 그럼 삼각관계의 마지막 인물인 스트렙토미세스 속Streptomyces의 박테리아는 개미집에서 무엇을 할까? 앞서 말했듯 개미와 균류는 서로에게 해를 가하지 않기 위해 살충제와 살균제 물질을 제거한다.

그런데 개미와 균류에게 문제가 생기기만 목 빼고 기다리는 녀석이 있다. 자낭균문에 속하는 에스코보프시스 속 Escovopsis의 대표주자들은 고도로 전문적인 기생성 곰팡이로서 개미가 애써 키운 균류를 위협한다. 그래서 개미는 몸의 아랫면에 스트렙토미세스의 무리를 데리고 다닌다. 이것들이 특수한 항박테리아 물질과 살균 물질을 생산하기 때문이다. 파트너는 잘 보살펴야 하지만 쓸모없는 침입자가 나타난다면 그건 없애버려야 마땅하다. 그렇게 본다면 개미는 기술 좋은 농사꾼이며, 심지어 박테리아까지 동원하여 고도의 위생조치까지 취할 줄 아는 깔끔이들이다. 물론 대가가 없을 리 없다. 개미는 이 두 도우미에게 예속된 처지이다. 균류와 박테리아가 없다면 개미집은 무너지고 말 테니까 말이다.

그렇게 지난 2천만 년 동안 개미의 농사 기술은 날로 진화하였고 전문화하였다. 진화와 선별은 끊임이 없는 과정이어서 매 순간 지구의 곳곳에서 쉼 없이 일어난다. 덕분에 균류를 키우는 개미 무리는 고도로 복잡한 사회구조를 형성하였다. 무리의 여러 계급은 사랑을 담아, 지치지도 않고 버섯농장에서 각자가 맡은 소임을 열심히 수행한다. 농장은 계속 확장되고 만든 농장은 정성을 다해 가꾼다. 바깥에서 일하는 정찰병은 집 주변에서 적당한 수풀이나 나무가 있는지 열심히 찾아다니고, 찾아내면 냄새로 흔적을 남긴다. 그럼 그 흔적을 따라 일꾼개미들이 나뭇잎을 따러 달려간다. 몸집이 작은 경호 개미들은 나뭇잎에 앉아 있다가 공중에서 적이 공격을 해올 경우 방어를 한다. 일꾼개미는 실로 엄청나게 많은 일을 한다. 나뭇잎을 집으로 가져와 잘게 자르고 그것을 씹어 작은 공 모양으로 만들어 균류가 자랄 배지를 조성한 다음 균류의 표면을 체크하여 별 문제가 없는지 살피고 혹시 필요할 경우 다른 곰팡이의 포자와 균사를 닦아낸다. 그리고 균류가 갓을 만들지 못하도록 균사의 끝을 자른다. 그럼 균사의 끝부분이 혹처럼 불룩해진다. 잘라낸 균사는 친구들에게 먹으라고 주거나 균류가 풍성히 자라지 않은 자리를 골라 다시 심는다. 그러다 보니 균류와 개미는 오래전부터 서로가 없이는 도저히 살 수 없는 관계가 되었다. 실로 그림책에나 나올 법한 진정한 공생인 것이다.

흰개미와 온실효과

이런 아름다운 공생은 무리를 만들어 사는 또 다른 곤충인 "흰개미"에게서도 목격된다. 흰개미는 온대 지역은 물론이고, 남반구와 북반구를 가리지 않고 위도 40도 지역에서까지도 왕성하게 활동할 수 있다. 이렇듯 어디에나 출몰하고 또 어쩌나 부지런한지 온실효과의 범인으로도 지목을 당한 처지이다. 나무를 해체하고 물질을 순환하여 대기로 엄청난 양의 메탄을 방출하기 때문이다. 흰개미는 생긴 모양과 크기는 물론이고 무리를 지어 사는 생활방식도 개미와 꼭 닮아서 얼핏 친척이라고 생각하기 쉽다. 실제로 둘 다 곤충이고 유시아강Pterygota이다. 하지만 이 둘은 엇갈린 진화의 양대 나뭇가지를 대표하는 주자들이다. 개미는 벌목Hymenoptera에 속해서 말벌과 벌과 친척이지만 2800종을 아우르는 흰개미는 자체적으로 목을 형성하여 흰개미목 Isoptera이다. 현대 분자유전학 연구는 흰개미가 분류학적으로 바퀴목Blattodea에 가깝다고 보고 있다.

균류를 키우는 개미와 달리 흰개미는 인공 사육이 불가능하다. 무리가 너무 거대하고 복잡하기 때문이다. 잎꾼개미는 전 세계 대부분의 대형 동물원에서 개미의 집과 함께 전시되고 있다.

연습이 달인을 만든다

"무리를 이루는 곤충들은 식량원이 집안에 있기 때문에 좋은 점이 많다. 식량을 구하려고 집을 나설 필요가 없으니 말이다." 1915년에 발표한 G. v. 나츠머Natzmer의 논문 <개미와 흰개미의 생활에 나타난 수렴에 대하여>에는 이런 글귀가 실려 있다. "첫째 흰개미는 이런 방법을 통해 점차 외부세계 및 우연으로부터 독립될 것이며, 둘째 소모된 에너지를 무리에 유익하게 사용할 수 있으므로 엄청난 힘이 절약된다."

나츠머는 더 나아가 무리 형성 그 자체와 균류 재배의 상관관계에도 관심을 보였다. 인류 최초의 국가는 1만 년 전에야 탄생하였지만 개미와 흰개미의 국가는 수십억 년의 역사를 자랑한다.

"무리를 형성하는 곤충은 국가 시설이 완성되어야, 다시 말해 식량 획득이 완전해야 발전할 수 있다는 점을 고려한다면, 개미와 흰개미의 무리생활이 꾸준히 발전하기 위해서는 필연적으로 이런 관점에서 외부세계로부터 완전히 혹은 최대한 독립할 필요가 있었다. 개미와 흰개미 종의 다수가 각기 별개로 균류 재배에 뛰어들었다는 것은 집안에 저장한 식량 창고인 균류가 생존의 조건이라는 사실을 통해 설명된다.

녀석들의 집 내부에 균류가 살기 적합한 식물 창고가 마련되어 있어서 균류가 다량으로 자라고 있다는 사실만 보아도 잘 알 수 있다.

요약해 보면, 사회가 성숙하여 어느 정도의 발전 단계가 되면 반드시 균류를 재배하게 된다는 뜻이다. 버섯 친구들에겐 흥미로운 내용이 아닐 수 없다. 나츠머의 말을 더 들어보자. "식량 창고에 균류가 있다는 사실만으로 균류재배를 입증할 수 있으며, 따라서 균류재배는 순전히 우연의 산물이라고 가정한다면 그건 지극히 피상적인 관찰일 것이다. 진짜 원인은 더 깊은 곳에 있어서, 앞에서도 설명했듯 사회생활의 발전과 밀접한 관련이 있다. 이것은 균류재배는 고도로 발전한 조직을 갖춘 무리에서만 가능하다는 사실만으로도 입증이 된다."

개미와 흰개미에게서 배울 점

이 말이 사실이라면, 호모 사피엔스는 17세기 중엽 루이 14세 시절에 와서야 겨우 고도로 발달한 국가 조직을 갖추었다는 말이 된다. 당시 프랑스 수도의 어두운 지하실에서 "샹피뇽 드 파리"를 재배하기 시작했고, 그것이 이내 유행이 되었으니 말이다. 이런 관점에서 본다면 아시아는 유럽보다 훨씬 일찍 성숙한 국가를 이룩한 셈이 된다. 서양보다 훨씬 일찍 표고버섯 같은 버섯들을 의학에 집중 활용하고 재배하였으니 말이다.

하지만 기껏해야 몇 백 년, 몇 천 년일 이 정도의 경쟁은 새발의 피에 불과하다. 아시아도 유럽도 개미의 눈으로 보면 걸음마도 채 못 뗀 어린아이 일 테니까 말이다. 개미는 이미 5천만 년 전부터 버섯을 키웠고 흰개미 역시 일찍이 버섯 재배에 착수하였다.

탄자니아에서 발견된 2천5백만 년 전의 흰개미 집은 이런 동물 농경을 입증하는 최초의 직접적인 증거이다. 호주 타운빌 제임스쿡 대학교의 학자들이 이 흰개미 집에서 균류 농장을 발견하였던 것이다. 아마 지금껏 발견된 가장 오래된 균류 재배의 증거물일 것이다. 하지만 분자유전학 연구 결과 흰개미와 균류의 공생은 그보다 훨씬 오래되었을 것으로 추정된다. "양쪽 모두 득을 보는 이런 형태의 공생은 진화가 진행되는 동안 내내 유지되었다." 연구 결과를 발표한 후 연구팀 팀장 에릭 로버츠Eric Roberts는 이렇게 말했다. 농사를 짓는 흰개미Macrotermitinae의 조상이 균류를 재배하기 시작한 것은 지금으로부터 약 3100만 년 전으로 거슬러 올라간다.[31] 이들과 공생하는 흰개미 균류는 흰개미에게 매우 유익한 도움을 준다. 소화하기 힘든 식물 물질을 분해하여 단백질이 풍부하고 소화가 잘 되는 식량을 만들어주는 것이다. 보통 그것은 초식동물의 대장에 사는 박테리아들이 하는 일이다. 그 대가로 흰개미는 균류를 잘 보살펴준다.

배가 고프면 창의력이 생긴다

학자들은 어떻게 해서 그런 독특한 공생이 생겨나게 되었는지 연구 중이다. 그리고 동아프리카 지구대Great Rift Valley가 형성되면서 그 지역에 지질학적 변화가 일어난 것을 원인으로 보고 있다. 건조한 사바나의 환경은 생명체에 우호적이지 않다. 따라서 몇 백만 년 전 같은 처지의 인류가 식물과 동물을 길들여 키웠듯, 그곳의 생명체들 역시 새로운 전략을 모색할 필요가 있었을 것이다. 농업은 흰개미는 물론이고 균류에게도 생존 전략의 스펙트럼을 넓혀 주었다. 물론 결과가 없을 수 없었다. 한 종의 발전은 생태계에 끝없는 연쇄작용을 몰고 오기 마련이다. 다른 생명체들이 흰개미의 농작물과 집 주변의 미생물 조건을 활용하였다. 토양에 양분이 늘어났고 수분도 늘어났다. 균류는 아무리 메마른 땅에서도 숨어 있는 수분을 끌어올리는 달인이다. 두 생명체의 모범적인 공생이 주변에 사는 수많은 다른 종의 발전에도 유익한 작용을 한 것이다.

이처럼 둘의 상호작용은 설명하기가 어렵지 않아 보인다. 실제로 흰개미와 균류의 공생관계는 이미 오래전에 파악한 사실이다. 하지만 뭔가 석연치 않은 것이 있었다. 수수께끼의 마지막 돌이 빠진 것 같았다. 바로 그 마지막 돌이 이제 마침내 발견이 된 것이다. 코펜하겐 대학교의 생태학자 마이클 폴센 Michael Poulsen의 설명을 들어보자. **"우리는 셀룰로오스 같은 식물성 물질을 분해하는 특수 효모의 유전자를 조사해 보았다. 흰개미들에겐 그 효모가 상대적으로 적었다. 반대로 균류는 매우 넓은 스펙트럼의 효모를 갖고 있지만 단순당을 포도당으로 분해하는 효소의 유전자가 없다. 바로 이 유전자를 흰개미의 장에 사는 박테리아의 게놈에서 발견하였다."**

둘보다는 셋이 낫다

이 말은 흰개미 장에 공생 박테리아가 산다는 말이다. 앞서 잎꾼개미에게서 발견했던 삼각공생이 이제 흰개미한테서도 확인된 것이다. 흰개미는 단순 다당류를 분해하는 데 필요한 효소 몇 가지가 없는데 균류 하고는 아무리 힘을 합쳐도 이 문제를 완벽하게 해결할 수가 없다. 그래서 박테리아를 파트너로 영입해 문제를 해결한다. 박테리아의 존재는 오래전부터 알려졌지만 그것이 결정적 역할을 한다는 사실은 그동안 전혀 몰랐다.

죽은 식물이 가득한 습하고 서늘한 열대 사바나의 지하실은 우리의 버섯재배 시설과 크게 다르지 않다. 동물이나 인간이 맡은 역할도 비슷하다. 흰개미와 인간은 균류 농장과 버섯 농장을 살뜰히 보살핀다. 흰개미의 일꾼들은 나뭇잎과 풀, 나무 같은 소화하기 힘든 식물성 물질을 지하의 집으로 꾸준히 끌고 들어와서 잘게 자르고 씹어 먹는다. 그러다 보면 집안 곳곳에 널려 있는 흰개미버섯Termitomyces과 그것의 포자도 같이 먹게 된다. 하지만 식물성 물질과 균류가 뒤섞인 이 음식은 소화가 잘 안 되기 때문에 다시 흰개미의 몸 밖으로 배출된다. 물론 이것 역시 전략이다. 균류가 흰개미의 소화기계가 되어 대부분의 해체 작업을 대신 맡아준다. 덕분에 잘 섞인 멋진 물질이 탄생하고, 그 퇴비 위에서 균류가 자란다. 이제 다시 흰개미가 등장하여 퇴비와 함께 균류를 먹어치우면, 이 두 번째 식사에선 박테리아가 거들고 나선다. 박테리아가 남은 식물성 다당류를 단순당분자로 조각내는 것이다. 이들의 시스템이 어찌나 완벽한지 우리도 녀석들한테서 잘 보고 배워야 할 것 같다. 특히 어떤 효소를 보고 베낄 수 있을지에 학자들의 관심이 뜨겁다.

절친 사이

그러니까 균류를 키우는 흰개미의 절친은 흰개미버섯Termitomyces이다. 이 학명은 1942년 프랑스 식물학자 로저 하임Roger Heim이 처음 붙인 이름이다. 흰개미버섯은 균학적으로 주름버섯목Agaricales이자 만가닥버섯과Lyophyllaceae이다. 그러니까 흰개미가 키우는 균류와는 전혀 다른 혈통이다.

흰개미버섯이라는 이름이 참으로 지당한 것은, 이 속의 모든 종이 오직 흰개미 집이나 그 근처에서만 자라기 때문이다. 그러니까 필수 공생인 셈이다. 만일 다른 균류 종과 기생종이 흰개미 집으로 들어오면 흰개미가 알아서 물리쳐준다. 이처럼 종마다 각기 다른 균류 종을 기르는 것은, 근본적으로 다른 두 생물의 공진화coevolution를 보여주는 멋진 사례이다. 두 집단의 계보와 분기, 종 형성의 속도가 거의 완벽하게 일치한다. 생물학자들은 이를 두고 공동분기진화Cocladogenesis라고 부른다. 두 파트너의 진화가 손에 손을 잡고 진행되는 것이다. 한쪽이 발전하면 다른 한쪽도 가만히 있을 수가 없다.

테르미토미세스 티타니쿠스Termitomyces titanicus는 지름이 1미터에 이르는 거대한 갓을 만든다. 녀석의 갓은 주름버섯들 중에서도 가장 큰 것들 중 하나이다. 이런 흰개미버섯 속의 버섯들은 대부분의 종이 나미비아, 잠비아, 탄자니아 같은 아프리카 남부에서 자라지만 동남아시아와 콜롬비아에서 자라는 종도 있다. 아마 세상 모든 버섯 채집꾼들이 평생 한 번은 만나보고 싶은 꿈의 버섯일 것이다. 갓이 거대할 뿐 아니라 맛도 좋기 때문에 아프리카 몇 지역에서는 경제적으로도 매우 중요한 자원이다. 거대한 갓은 당연히 엄청난 양의 포자를 만들 것이고, 그것들이 바람에 실려 멀리 날아갈 것이다.

라이프니츠 자연물질 및 감염생물학 연구소의 크리스티네 베멜만스Christine Beemelmanns의 설명을 들어보자. "흰개미가 밖에서 모아 온 물질들에는 당연히 균류의 포자도 달라붙을 수 있다. 흰개미가 먹이를 먹을 때 그것들이 따라 들어오지만 장에서 소화가 되지 않는다. 그럼 흰개미의 배설물에 실려 밖으로 나온 균류는 자연스럽게 흰개미의 집으로 들어가게 된다."

이쯤이면 인상적인 삼각관계에서 주인공 역할을 하는 개미와 흰개미에 대해서는 충분히 알아본 것 같다. 이제는 지의류에게로 눈길을 돌려 세상을 뒤흔든 또 하나의 공생에 대해 살펴보기로 하자. 지의류 연구 역시도 최근 들어서야 혁명적인 발전을 이룬 분야이다.

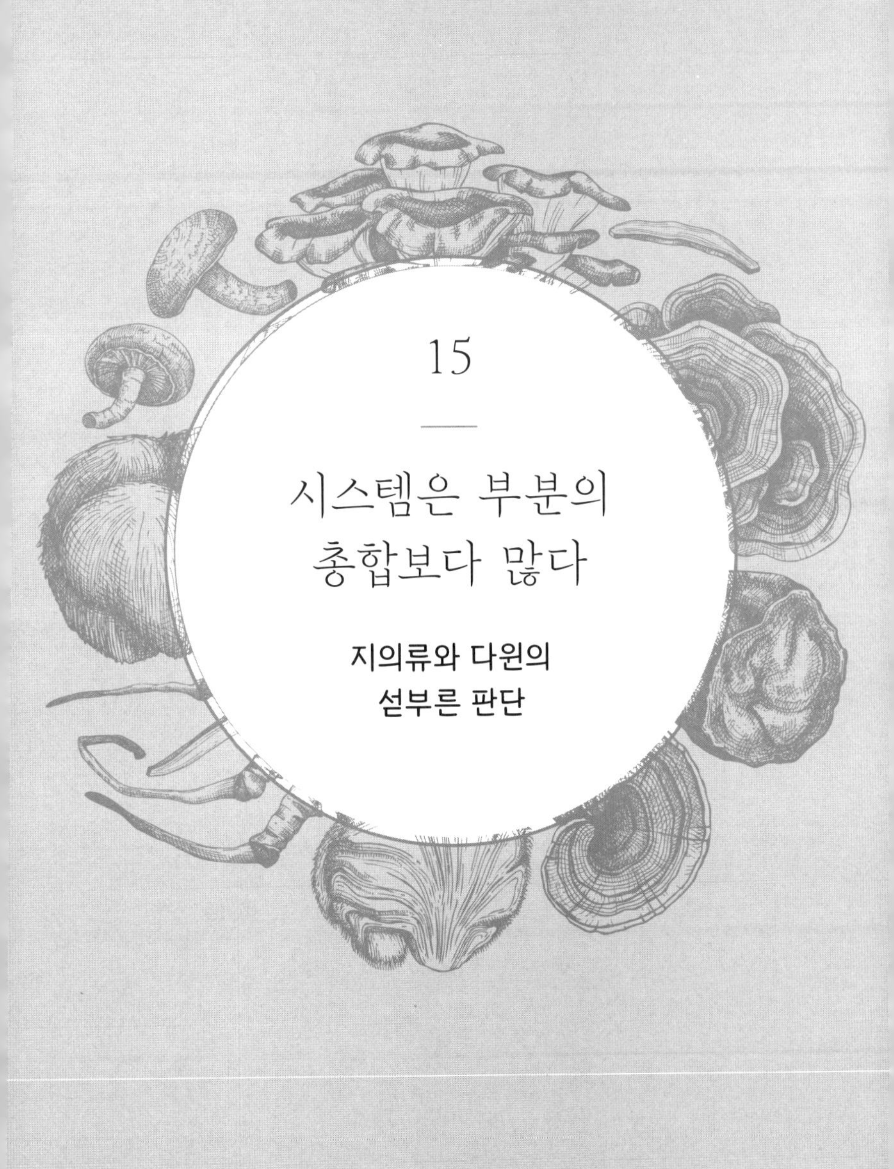

15

시스템은 부분의 총합보다 많다

지의류와 다윈의 섣부른 판단

지의류는 해조류와 균류의 공생이다.

지난 150년 동안 우리는 그렇게 믿었다.

하지만 이제 교과서를 다시 써야 한다.

가장 흔한 지의류 몇 종에서 또 하나의 파트너를

발견했기 때문이다.

그것은 바로 효모이다.

innovations-report.de, 2016년 7월

균류가 식물학의 분야에 속하지 않는다는 것은 앞에서도 이미 배웠다. 균학은 분류학적으로 별개의 생물인 이 "세계의 지배자들"을 연구하는 독립된 학문 분야이다. 하지만 또 한 번 지금껏 알고 있던 지식을 모조리 뒤엎어버릴 것만 같은 생명체 집단이 하나 더 있다. 바로 지의류이다.

이 장에서 살펴볼 지의류는 미생물처럼 숨어 살아서 우리 눈에 잘 띄지 않는 그런 미미한 생명체가 아니다. 정반대로 지의류는 생활환경을 가리지 않고 어디서나 등장한다. 기후적으로 약간 극단적인 지역을 고르기만 하면 된다. 지구의 가장 황량한 구석에 이르기까지 2만 5천 종의 지의류가 온 세계로 퍼져 있다. 하지만 두 생물 혹은 세 생물의 혼합체인 이 생명을 어떻게 정의할 수 있을까?

인터넷에서 발견한 책 제목들만 보아도 이런 혼란을 충분히 짐작할 수 있다. 《하등 약용식물》, 《균류-조류-지의류》, 《선태류, 양치류, 지의류》, 《균류와 조류의 이중 존재》 등이 대표적이다. 이 책들의 제목은 모두가 학술적으로 정확하지 않다. 지의류를 "하등 식용식물"이라 부르는 것은 잘못이다. 지의류는 식물이 아니며 최고 90%에 이르기까지 균류로 구성되기 때문이다. "선태류, 양치류, 지의류"를 이렇게 한 냄비에 넣고

굶이면 이것들이 분류학적으로 친척이라고 생각하기 쉽지만 그렇지 않다. 마지막 책의 제목인 "균류와 조류의 이중 존재"는 두 가지 관점에서 (더 이상) 옳지 않다. 첫째 이미 이장의 첫 부분에서 인용했듯 지의류는 삼중 존재이기 때문이며, 둘째 "조류"를 언급한 것이 문제이다. 물론 맞는 말이고 지금껏 그렇게 불렀다. 하지만 어떤 조류를 말하는 것일까? 지의류의 (더 작은) "다른 반쪽"은 시아노박테리아인 경우가 드물지 않다. 시아노박테리아는 조류가 아니고 식물도 아니며 핵세포가 없는 미생물, 즉 원핵생물이다. 또 다른 경우는 녹조류가 지의류 균류의 파트너가 되지만 이것 역시 단순화시켜 "고등식물"과 동일시할 수 없다. 이들 "조류"(녹조류건 시아노박테리아건)는 지의류 안에 골고루 분포하거나 상부 껍질과 몸의 핵심 사이 특정 층에만 국한되어 있다.

긴밀히 얽혀 있는

그런 이유에서 생물학자들은 지의류를 조직유형으로 본다. 지의류가 단순한 하나의 생명체 그 이상인 것이다. 이 슈퍼유기체에는 근본적으로 다른 파트너들, 공생체들이 들어 있다. 그것의 "몸"은 전문용어로 엽상체Thallus라고 부른다. 파트너들은 이 공동의 "몸" 안에서 긴밀히 얽혀서 형태학적, 해부학적, 생리학적 단일체를 형성한다.

조금 더 쉽게 설명하기 위해 우선 현대의 발견을 잠시 접어두고 두 파트너만 먼저 살펴보기로 하자. 모든 종의 지의류에게는 그 종에게만 있는 특별한 종의 균류가 있다. 나뭇가지형Fruticose lichen, 잎새형Foliose lichen, 딱지형(반점형Crustose lichen) 균류와 공생을 하건, 시아노박테리아와 공생을 하건 지의류의 원래 몸은 균사체로 만들어진다. 이 공생균체Mycobiont는 종속영양 방식으로 살아간다. 모든 균류가 그렇듯 이것도 광합성을 할 수 없기 때문에 "잡아먹어야" 하는 것이다. 이 공생균체는 지의류의 뼈대로 만들고 질량의 대부분을 차지하며 나아가 수분과 필요한 영양소를 공급하여 지의류가 마르거나 손상을 입지 않게 보호하며 과도한 빛에 노출되지 않게 막아준다.

대부분의 지의류는 여러 층으로 구성된다. 녹조류나 시아노박테리아 같은 공생조체Phycobiont는 그 안에 갇혀서 살며, 광독립영양생물Photoautotroph이므로 광합성을 한다. 잎새형 지의류가 나뭇잎처럼 자라는 것은 빛을 최대한 활용하기 위해서이다. 공생조체는 빛을 이용하여 비유기물을 유기물로 만든다. 자고로 모든 공생의 본질은 두 파트너 (혹은 셋, 넷 파트너)가 이런 형태의 공생을 통해 다 같이 득을 보는 것이다.

함께 해야 살아남을 수 있다

지의류는 각자가 혼자서는 살 수 없는 곳에서도 잘 살 수 있다. 균류도 조류도 따로따로는 살 수 없었을 생활환경에서 편안함을 느낀다. 해안가가 대표적이다. 해안가 바위에는 지의류가 많다. 파도, 바람, 태양, 물, 추위, 자외선, 소금의 스트레스 작용이 극심하기 때문에 대부분의 생물들은 자랄 수가 없는 열악한 환경이다. 그런데도 타르 얼룩으로 착각하기 쉬운 지의류들이 여기서 긴 수명을 자랑하며 잘 살아간다. 더구나 경쟁자는 없지만 혹시 적이 있을지는 모르므로, 맛대가리라고는 없는 물질로 속을 채워 방어를 한다. 또 가령 몇 달 동안 건기가 닥쳐 환경이 몹시 불리해질 경우엔 절대적인 생리적 정지 상태로 그 시기를 이겨낼 수 있다.

지의류는 양분도 쉽게 구한다. 자라는 기층의 물질대사와 거의 무관하게 양분의 대부분을 먼지, 바다 포말, 비로부터 얻기 때문에 기층 그 자체에서 얻는 양분의 양은 미미하다.

지의류는 생물지표

욕심이 없는 지의류는 아주 느릿느릿 자라기 때문에 식물이 울창한 곳에 있다면 선태류나 다른 키 큰 식물들에게 빛과 양분을 다 빼앗기고 살아남지 못할 것이다. 하지만 다른 식물들이 좀처럼 살 수 없는 극단적인 환경이나 틈새 생태계에선 천하무적의 능력을 발휘한다. 그런 곳에서 대량으로 자라는 지의류를 발견했다는 전문가들의 보고도 나와있다. **지의류는 수명이 길고 표면을 보호하는 방어메커니즘이 없는데다 노출된 장소에서 자라기 때문에 장기적인 환경영향을 알 수 있는 탁월한 생물지표이다.** 이것이 지의류에 대한 관심이 커져가는 이유이며, 예상대로 이 지표가 말해주는 우리의 상황은 그리 좋지가 않다.

거의 모든 공생균체는 광독립영양생물인 파트너에게 의존한다. 또 자연에서 혼자 사는 경우가 없기 때문이 공생이 필수적이다. 독자적으로 광합성을 하는 공생조류의 경우는 사정이 다르다. 자연에서 혼자 살아가는 경우도 적지 않다.

지의류 역시 균류처럼 유성생식과 무성생식 둘 다를 이용해 번식을 한다. 유성생식을 하면 균류 파트너의 갓에서 포자가 만들어지고 그것이 발아 후 자신에게 어울리는 조류 짝을 찾아서 새로운 지의류 공생을 시작한다. 무성생식의 경우 더 간단하다. 엽상체의 조각이 떨어져 나와 완벽한 새 지의류로 재생될 수 있다. 가루싹soredium이 만들어지기도 한다. 조류가 균사 몇 가닥과 함께 지의체에서 떨어져 나온 후 멀리 떠내려가거나 날아가서 새로운 장소에서 "후진"을 양성하는 것이다.

공생은 생존의 이념

지의류가 균류(공생균체)와 조류(공생조체)라는 전혀 다른 두 생물로 이루어진다는 인식은 19세기에 와서야 인정을 받았다. 하지만 이 생활공동체가 양쪽 모두에게 득이 되므로 진정한 의미의 공생이라는 깨달음은 아직 더 시간이 필요했다. 오랜 시간 "1균류 + 1조류 = 지의류"라는 단순 방정식이 성공적인 공생의 보증수표라고 생각했다. 하지만 2016년 이후 우리가 그렇지 않다는 사실을 알게 된 것은 모두가 다 선도적인 지의류 연구 센터인 오스트리아 그라츠 카를 프란츠 대학교의 식물학 연구소 덕분이다.

2016년 유명 과학 잡지 <사이언스>에 실린 논문[25]에서 그곳 학자들은 이미 52종의 지의류에서 효모라는 또 하나의 파트너를 발견하였다고 보고했다. 지의류에 대해 좀 안다 하는 사람들 모두가 놀라 벌린 입을 다물지 못했고 언론도 "은밀한 삼각관계" 같은 중의적인 제목으로 사람들의 관심을 끌었다.

효모는 단세포 균류이기 때문에 발아나 단순 분열로 번식하는 미생물이다. 따라서 발아균류라고 불리기도 한다. 대부분의 효모는 자낭균류이다. 자낭균류는 균류의 양대 진화 노선 중 하나로, 지의류를 만드는 모든 균류의 최고 98%가 이에 속한다. 따라서 학술서들은 그냥 "지의류" 대신 "지의화한 자낭균류"라는 명칭을 사용하고, 사실 대부분의 형태에는 이 말이 틀리지 않다. 소수의 지의류만이 담자균류로 구성되기 때문이다. 따라서 새롭게 발견된 세 번째 파트너가 사이포바시듐Cyphobasidium 속의 효모라는 사실이 밝혀지자 모두가 입을 다물지 못했다. 세계 각지에서 각종 지의류를 가져와 추가로 진행한 실험에서도 역시 사이포바시듐이 발견되었다. 바시듐-basidium이라는 이름부터가 혼란을 초래한다. 방금 전에 분명 대부분의 효모는 자낭균류라고 말했다. 그런데 사이포바시듐은 그렇지가 않다. 녹병균 목Pucciniales의 담자균이기 때문이다. 이 무리의 대부분이 식물, 동물, 균류에 기생을 하는

데 갑자기 공생을 하는 녀석이 하나 불쑥 튀어나와 학계에 물의를 일으킨 것이다.

그라츠 대학교 식물학 연구소의 진화생물학자 토비 스프리빌Toby Spribille은 전 세계 수많은 지의류의 유전자를 연구한 자신의 연구팀이 근본적인 발견을 했다고 주장한다. "이 인식이 지의류에 대한 우리의 기본지식을 뒤흔들었다. 우리는 이 생명체가 어떻게 탄생하고 공동체에서 누가 어떤 기능을 맡는지 다시금 연구해야 한다." 누가 봐도 효모는 진화적으로 볼 때 이미 오래전부터 이 공생체의 한 부분이었다. 학자들은 효모가 "슈퍼유기체 지의류"에서 원치않는 미생물을 방어하는 데 도움을 주는 것으로 추정한다. 이 연구에서 중요한 역할을 한 지의류는 불피시다 카나덴시스Vulpicida canadensis로 북미의 나무껍질에서 자주 볼 수 있다. 불피시다는 1993년 처음으로 속으로 분류되었는데, *vulpes*는 라틴어로 여우라는 뜻이며 *-cida*는 살인자라는 뜻이다. 그러니까 불피시다Vulpicida는 여우 살인자라는 뜻이다. 위대한 균류 연구가인 프라이스의 말에 따르면 이 지의류는 스웨덴에서 여우를 잡는 데 사용되었다고 한다.

제3의 인물은 누구인가?

의심에 불을 지핀 장본인은 지의류 브리요리아 토르투오사Bryoria tortuosa와 브리요리아 프레몬티Bryoria fremontii였다. 둘은 정확히 똑같은 종의 균류와 조류가 결합한 지의류이다. 그런데 전자는 색깔이 노랗고 독성물질인 불핀산Vulpinic acid을 엄청나게 많이 만든다. 노란색은 이 불핀산 때문이다. 후자는 갈색이고 불핀산을 전혀 함유하지 않는다. 똑같은 두 파트너가 어떻게 다른 종의 지의류가 될 수 있을까? 왜 한쪽은 포유류에게 독이 되고 다른 쪽은 그렇지 않을까?

토비 스프리빌은 이런 의문을 품고 연구를 이어나갔다. 지의류에 함유된 DNA를 정확히 분석하였고, 지의류의 유전자를 찾기 위해 험난하고 혼란스러운 여정을 시작하였다. 지의류에 전혀 다른 새로운 것이 있을 수 있다는 가설이 떠오르자 마침내 닫혔던 문이 열렸다. 효모 사이포바시듐을 발견하게 된 것이다. 이제는 지의류의 공식이 바뀌었다. "**1자낭균류 + 1담자균류 + 광합성을 하는 조류나 시아노박테리아 = 지의류**"로 말이다.

잘 맞는 팀

어떻게 학계는 시아노박테리아의 존재를 이렇게나 까맣게 몰랐을까? 최신 분자유전학적 방법이 없었다면 녀석은 여전히 발견되지 못했을 것이다. 수많은 지의류 학자들이 100년 넘게 지의류를 연구했는데 어떻게 지의류가 생존하기 위해 필수적인 제3의 인물을 그렇게 오랫동안 까맣게 몰랐단 말인가. 물론 전혀 다른 두 파트너가 서로를 잘 보완하여 해초나 균류가 각기 혼자서는 할 수 없는 일도 훌륭히 해낼 수 있다는 사실은 이미 알고 있었다. 하지만 지의류는 더 복잡한 삼각 공생 생물이다. 세 번째 파트너가 없다면 남은 둘 역시 살 수가 없을 것이다. 그사이 지의류의 사이포바시듐은 극지방에서 일본을 거쳐 남미와 에티오피아에 이르기까지 곳곳에서 발견되었다. 그 지의류들의 유전적 비교를 통해 지의류의 세 파트너가 오래전부터 함께 해왔다는 사실도 밝혀졌다. 그러니까 균류는 최초의 지의류와 동시에 진화하였고, 이런 방식의 진화는 "현대의" 발명품이 아니라 이미 오랜 시간을 거치며 정평이 난 발명품인 것이다.

이런 발견은 젊은 학자들에게 용기와 의욕을 선사할 것이다. 발견될 것은 이미 다 발견되었다는 미신이 떠돌고 있지만 현실은 그렇지 않다. 자연의 수수께끼는 아직 다 풀리지 않았다. 또 새로운 사실을 발견하겠다고 굳이 열대 우림을 헤치고 들어가야 하는 것도 아니다.

우리의 균류 여행이 가르친 교훈은 더 큰 전체의 행복을 위해 근본적으로 다른 생명체들이 협력하는 공생이었다. 몇 번이나 강조했듯 "함께 하면 더 힘이 세다." 지의류의 새 발견이 이런 가르침에도 새 바람을 몰고 왔다. 토비 스프리빌의 말을 들어보자. "이런 인식은 우리가 이들의 공생에 대해 안다고 믿었던 많은 것을 근본적으로 뒤흔들었다. 지의류가 어떻게 형성되고 그 공동체에서 누가 어떤 임무를 맡는지에 대한 기본 가설을 이제 다시 새롭게 평가해야 하는 것이다."

균류의 세상은 모두가 너무나 잘 알지만, 또 한 편 놀라운 일이 그치지 않으며 아직도 많은 것이 밝혀지지 않은 세상이다. 앞으로 또 어떤 새로운 사실이 더 알려질까? 이 질문을 끝으로 우리는 이제 균류의 세상을 더듬은 우리의 여정을 마무리 지을까 한다.

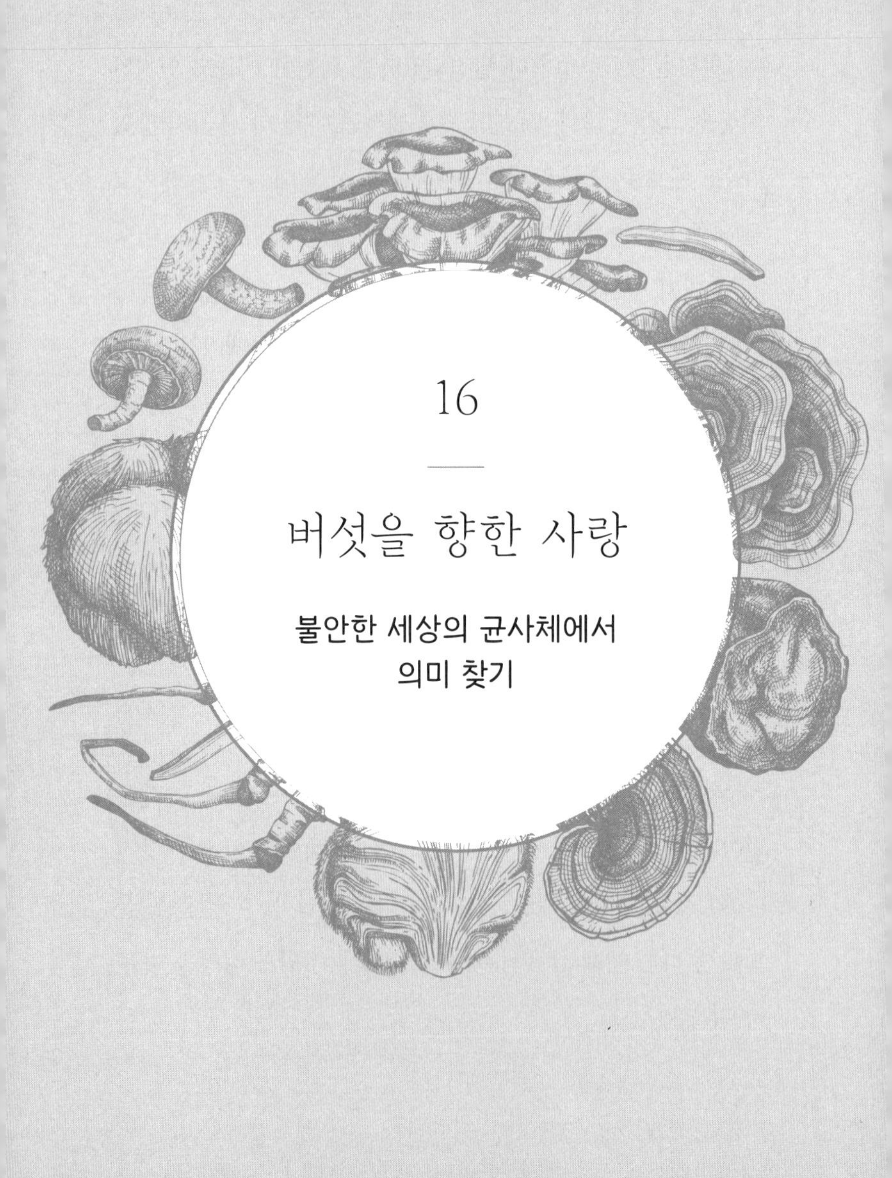

16

버섯을 향한 사랑

불안한 세상의 균사체에서 의미 찾기

그때까지는 숲에 갈 때마다
그냥 마음껏 상상의 날개를 펼쳐라.
많은 경우 상상은 현실과 그리 멀지 않으니.

페터 볼레벤

버섯과 인간의 관계는 어떻게 시작되었을까? 이 책의 첫머리에서 우리는 이렇게 물었다. 시작은 선사시대의 까마득한 어둠에 묻혀 있기에 우리는 그 발전의 세세한 부분을 알 수 없다. 그래도 우리 조상들이 버섯을 먹었고 그 밖의 다른 용도로도 널리 이용하였으며 주로 샤먼 의식과 약으로 많이 사용하였다는 사실은 확실하다. 아마 신석기 혁명이 시작되면서 초기의 이런 생명기술들이 점차 일반인들에게도 보급되었을 것이다. 그 결과 균류는 치즈, 빵, 포도주, 맥주 및 다른 생필품의 제조에도 널리 이용되었다.

산업혁명과 과학 발전으로 균류의 활용은 날로 확대되었고, 결국 오늘날 균류는 현대 바이오기술에서 빼놓을 수 없는 중요한 유기체 집단으로 자리매김하였다. 현재 균류는 식량, 사료, 항생제, 효소, 스테로이드. 술, 유기산, 비타민 등의 제조 산업에서 적극 활용되고 있다. 하지만 음료와 다른 식품에 널리 사용되는 레몬산(레몬즙과 혼동하지 마라!)이 이미 몇십 년 전부터 레몬이 아니라 균류에서 얻어지고 있다는 사실을 아는 사람은 그리 많지 않을 것이다. 레몬산은 흑국균 Aspergillus niger을 이용한 발효를 통해 만들어진다. 또 균류는 생물계면활성제가 함유된 세제, 그러니까 기존 제품보다 환경에 훨씬 덜 해로운 세제의 제조에도 사용되고 있다.

물론 균류는 질병과 알레르기와 중독을 일으키고 집을 망가뜨리는 애물단지이다. 하지만 그건 균류의 한 가지 측면일 뿐이다. 균류는 우리의 파트너이다. 균류가 없다면 애당초 생명은 불가능할 것이니 말이다. 균류는 분해와 무기요소의 재공급을 담당한다. 또 나무와 공생하여 숲을 하나로 연결한다. 균류는 식량과 약품의 원료가 되며 생물적 방제와 환경보호에도 기여한다. 요새 유행하는 "재활용"이라는 말은 나온 지 얼마 안 되었지만 균류는 이미 수 십억 년 전부터 그 원리를 실천하며 살았다.

사막의 그린벨트

이제 곧 균류는 인간이 더럽힌 토양을 정화하고 죽은 경작지를 비옥한 농장으로 변신시킬 수 있을 것이다. 날로 심해지는 사막화 역시 나무를 심고 그 뿌리에 균사를 접종하여 막을 수 있을 것이다. 그럼 그 균사가 땅속에 숨은 마지막 한 방울의 물까지 길어서 나무를 먹일 것이다. 사막은 균류의 도움으로 되살아날 것이고, 사막의 면적도 더 이상은 늘어나지 않을 것이다.

이미 사헬지대에선 "아프리칸 그레이트 그린 월African Great Green Wall"이라는 이름의 야심 찬 프로젝트가 시작되었다. 부디 앞으로도 이런 노력이 계속 이어져 마침내 인도양에서 대서양까지 녹색의 띠가 이어질 날이 오기를 바라마지 않는다. 사하라 사막의 인공위성사진을 보면 이미 황색과 갈색의 땅에 거대한 녹지가 펼쳐져 있다. 작으나마 생태적 기적이라 할 것이다. 이 아프리카의 "그레이트 그린 월Great Green Wall"은 7천 킬로미터 길이의 대형 프로젝트로, 수백만의 빈민에게 큰 희망을 주고 있다.

이런 엄청난 기적도 따지고 보면 전통을 잊지 않은 그 지역 농부 몇 사람에게서 시작되었다. 밭에 나무를 심는 것이 수천 년 이어온 그곳의 경작 방식이었기 때문이다. 나무가 있으면 없을 때보다 밭에 심은 작물이 더 잘 자란다. 공기 중의 질소를 붙들어 이것을 다른 영양소와 교환하여 식물에게 선사하는 박테리아도 식물의 성장에 큰 도움을 주지만 균류의 역할 역시 만만치 않다. 사막의 모래가 실어 나른 미세한 포자 먼지는 묘목의 성장을 촉진한다. 글로무스 아그레가툼Glomus aggregatum 같은 글로무스 속의 여러 종은 글로말린이라는 단백질을 배출하는데, 이것이 토양의 미세한 흙 입자를 뭉쳐 작은 공 모양으로 만든다. 그러면 토양이 통풍이 잘 되고 물을 잘 저장할 수 있기 때문에 식물이 잘 자랄 수 있다. 글로무스는 맛난 열매를 많이 만들기 때문에 조림수종으로 각광받는 대추나무와 특히 잘 통한다.

강한 공동체

묘목을 땅에 심자마자 균류가 작업에 돌입한다. 균류가 제일 잘하는 일, 네트워크의 형성에 돌입하는 것이다. 균사가 사방으로 뻗어나가며 다른 식물 및 균류와 접촉을 꾀한다. 다른 식물에 닿은 균사체는 식물의 뿌리로 밀고 들어가 생명을 선사한다. 네트워크를 통해 식물과 양분을 교환할 것이기 때문이다. 주변 민가에서 심은 야채나 과일도 예외가 아니다. 이렇게 주변 식물들에게서 얻은 당으로 균류는 더욱 힘을 내어 다시 주변을 탐색할 것이고, 다른 식물들을 설득하여 교류에 동참시킬 것이다. 모두가 결합하여 거대한 공동체로 성장한다. 이것이야 말로 자연이 만든 가장 놀라운 작품이 아닐 수 없다. 이런 점에서 균류는 우리에게도 큰 가르침을 주는 스승일 것이다.

미래는 오래전에 시작되었다

그것이 다가 아니다. 균류에서 거듭 새로운 약용 물질이 발견되고 있으며, 아직 우리가 잘 모르는 해양균류 역시 큰 도움을 줄 수 있을 것으로 예상된다. 전 세계 수많은 연구실에서 학자들이 새로운 균류를 발견하기 위해 애쓴다. 점균류를 이용해 소통로와 교통로를 고민하는 연구실이 있는가 하면 단백질이 풍부하고 지방이 적은 균류를 식량 문제의 대안으로 삼아 연구에 박차를 가하는 미래학자들도 있다. 생태학자들은 균류가 없다면 이 세상은 엉망진창이 될 것이라는 사실을 열심히 입증하고 있고, 균류를 이용한 생물 살충제 연구도 계속되고 있으며, 기후학자들은 구름을 형성하는 대기 중 균류 포자의 역할에 집중적인 관심을 보이고 있다.

생존 지식

대량의 미생물, 균류, 지렁이 등을 죽이지 않고 활용하는 생물 농업은 에너지 소비는 물론이고 인공비료와 제초제 사용을 크게 줄일 수 있다. 선도적인 학자들은 거기서 한 걸음

더 나아가 균류를 이용한 생물 농업이 앞으로 전 인류를 먹여 살릴 수 있는 유일한 방법이라고 주장한다.

균류를 이용하면 좋은 포도주를 마실 수도 있다. 균근균류가 포도나무의 저항력을 키워 살충제와 화학 약품의 사용을 크게 줄일 수 있기 때문이다. 건강한 땅엔 생명과 활력이 넘쳐날 것이다. 수많은 상호관계의 네트워크가 건강한 포도밭의 모든 주민을 하나로 연결시켜 줄 테니 말이다.

리사이클링 전문가

에콰도르 아마존열대 우림의 야수니 국립공원에서 발견된 균류 페스탈로티옵시스 마이크로스포라Pestalotiopsis microspora야 말로 인류의 미래를 책임질 희망일지 모른다.

세계의 바다는 쓰레기 바다가 된 지 오래이다. 해마다 최고 1300만 톤의 플라스틱이 바다로 밀려든다. 2015년 인류는 매일 3백만 톤 이상의 쓰레기를 생산하였지만 2025년이 되면 그 양이 매일 6백만 톤으로 늘어날 것으로 예상된다. 그 쓰레기의 상당 부분이 폴리우레탄인데, 페스탈로티옵시스 마이크로스포라는 지금껏 알려진 생물 중에서는 유일하게 빛과 산소가 희박한 극단적인 환경에서도 폴리우레탄을 분해할 수 있다.

이렇듯 균류는 우리와 함께 하며 어디에나 존재한다. 위험한 적군도 있지만 대부분은 친구이다. 균류가 우리에게 선사한 기회는 너무도 커서 아마 그 가치를 제대로 평가하려면 한참의 시간이 걸릴 것이다. 인간과 균류의 관계는 지금도 멈추지 않고 급속히 발전하고 있으니 말이다.

이기심을 버리고 협력을

균류의 의미에 대해서는 이제 그 누구도 의심하지 못할 것이다. 하지만 협력과 관련하여 균류가 우리에게 전한 철학적 교훈은 어떤가?

지난 150년 동안 우리 사회엔 다행스럽게도 과학적 사고와 이성이 뿌리를 내렸다. 하지만 또 한 편으로는 이기주의와 경쟁심에 바탕을 둔 자본주의 경제체제도 확고해졌다. 이런 현실을 정당화하기 위해 모두가 쉽게 찰스 다윈과 그의 진화론을 끌어다 쓴다. 강한 자만이 살아남을 수 있다는 것을 다윈의 진화론이 입증했다고 말이다. 하지만 지금껏 균류의 세상을 쭉 살펴본 결과, 그렇게 이해한 다윈의 세상에선 협력의 측면이 너무 도외시되고 있다는 사실을 잘 알 수 있다. 한 가지 측면을 잔뜩 부풀려서 그것이 전부인양 호들갑을 떠는 것이다. 가령 리처드 도킨스Richard Dawkins는 《이기적 유전자》에서 이렇게 말했다. "우리는 생존 기계다. 즉 우리는 유전자로 알려진 이기적인 분자를 보존하기 위해 맹목적으로 프로그램된 로봇 운반자다."

세계적으로 유명한 미국 생물학자 린 마굴리스Lynn Margulis, 1938~2011는 도킨스와 다르게 공생을 진화의 추동력으로 보았다. 그녀의 이론에선 "이기적 유전자"가 아니라 공존과 공진화의 가장 내밀한 형태인 세포 내 공생Endosymbiosis이 중심 자리를 차지한다. 가령 그녀는 세포분석 및 생화학적 논리를 이용하여 엽록체Chloroplast, 다시 말해 식물세포의 광합성을 담당하는 세포소기관이 원래는 혼자 살던 시아노박테리아였음을 입증하였다. 그러니까 우리의 집안, 우리의 마당에서 사는 모든 식물의 엽록체는 "길든" 시아노박테리아인 것이다.

린 마굴리스는 지구의 모든 주민이 공생적 연합의 일원이라고 확신했다. 생명의 기적을 "위에서" 내려다보는 이런 시선은 아마 첫 남편의 직업과도 관련이 있을 것이다. 그녀의 첫 남편은 유명한 천문학자 칼 세이건이다. 70년대 초 가이아 이론을 주장했던 영국 화학자 제임스 러브록James E. Lovelock도 그녀에게 큰 영향을 미친 학자이다. 가이아 이론은 지구를 단순히 기체에 둘러싸인 암석 덩이가 아니라 생물과 무생물이 상호 작용을 하면서 스스로 진화하고 변화해 나가는 하나의 생명체이자 유기체로 보는 가설이다. 아, 물론 뉴에이지 느낌이 살짝 풍긴다. "그거라면 나도 알아!" 이런 생각에 책을 휙 던져버리고 싶은 독자도 있을 것이다.

그래서 독일 생물학자 루드비히 트레플Ludwig Trepl은 2013년 한 학술 블로그에 가이아 가설을 읽는 순간 "첫눈에 비과학적인 것이라는 깨달음이 들어 더 이상 상종할 필요가 없겠다고 생각했다."라고 적었다. 실제로 이런 가설은 비교 (秘敎, Esoteric) 집단에서는 큰 호응을 얻었지만 학계에선 조롱거리로 전락해 버렸다. 슈퍼유기체 이론을 많이 연구한 트레플은 이런 결론을 내렸다. "협력하는 개별 유기체는 독립적이며, 협력을 할 때는 지극히 이기적인 목적에서 최대한 많은 것을 얻어내기 위해서이다. 그러니까 사업 파트너와 같다."

그렇다면 전부 다 이기심이란 말인가? 우리는 과연 린 마굴리스와 균류한테서 무엇을 배울 수 있단 말인가? 어쨌거나 협력에 관해서는 아주 많은 것을 배울 수 있을 것이다. 하나의 생명체가 다른 생명체를 자기 몸의 세포 안으로 들어오게 허락한다는 것은 보통은 자신을 포기하는 죽음을 의미한다. 그래서 모든 생명체가 그것을 막으려 애쓴다. 하지만 세포 내 공생의 경우 균류의 균사가 파트너 식물의 뿌리세포 안으로 들어간다. 수지상 균근균 문Glomeromycota에 대해서는 앞에서 이미 설명했다. 이것은 가장 오래되고 가장 널리 퍼진 균근균류로, 나무를 포함하여 육지식물의 80% 이상이 이것과 공생관계를 맺는다. 식물이 육지로 오르기 한참 전부터 원핵생물은 물론이고 진핵생물까지도 다른 파트너와 긴밀하게 협력했고 그를 통해 이 지구에서 생명이 더 발전할 수 있는 기틀을 마련하였다.

우리는 네트워킹과 협력을 자연에서 활용되는 여러 작용 메커니즘의 하나로 볼 수 있다. 지상의 생명이 수 십억 년을 살아오는 동안 한 가지 원리에만 집중했다면 그게 더 이상하지 않겠는가?

해양생물학자이기에 나는 많은 것이 추방당하고 죽임 당한다는 사실을 누구보다 잘 안다. 아마 해양생명의 98% 이상이 잡아먹힐 것이다. 물론 나는 지구가 하나의 생명체라고 생각하지는 않는다. 하지만 린 마굴루스의 깨달음은 나의 세계관을 크게 넓히고 풍성하게 채워주었다. 생물학자로서 연구를 계속할수록 나는 더욱 공생의 의미를 깨닫게 된다. 경쟁과 강자의 승리가 아니라 협력과 공생이 생태학적 생명 공동체를 강하게 만드는 사례를 자주 발견하기 때문이다.

파트너 관계는 생물계통사 진보의 중요한 기반이다. 친구는 사방에 널려 있다. 눈을 뜨고 잘 보기만 하면 알 수 있다. 우정은 이기심 가득한 이 세상에서도 결코 사라지지 않으며, 아마 진화의 가장 중요한 성공모델 중 하나일 것이다. 우리는 서로 연결되어 있다. 그러니 자연을 보살펴야 한다. 그것이 네트워크의 일부인 우리 자신을 보살피는 길이기 때문이다.

앞서 "들어가는 글"에서 우리의 인간중심적 세계관을 균류중심적 측면으로 보완하자고 제안했다. 아직도 그 말이 호들갑인 것 같은가?

생명을 향한 사랑으로

생명을 향한 사랑과 버섯을 향한 사랑을 가슴에 담고 자동차를 조금 덜 타면 어떨 것이며 숲을 자주 찾아 숨은 균류의 흔적을 찾아보면 어떨 것인가? 버섯 채집꾼들의 시인 피에로 칼라만드레이는 말했다. "9월 말이 되면 5살 때 몬타우토의 소나무 밑에서 처음 느꼈던 그 열정이 온몸을 휘감는다."라고. 그는 얼마나 행복한 사람인가! "10월의 사냥 시즌이 돌아와 금작화에 내려앉은 지빠귀의 울음소리를 들을 때면 늙은 사냥꾼도 다시 젊어진 기분이 되듯 나 역시 9월에 햇살을 받고서 비 맞은 이끼에서 솟구치는 버섯의 향기를 생각하면 나이와 시름이 절로 잊힌다 (……) 모두가 숲으로 달려간다. 그 짧은 며칠 동안 모두가 기쁨을 되찾는다. 세상과 화해하며 자유롭게 일할 수 있는 그 행복을……

인간이 자연의 질서에서 더 멀어지기를 바라는 이는 없을 것이다. 아마 우리 모두는 칼라만드레이의 믿음에 동참하고 싶을 것이다. **"나는 버섯을 사랑한다. 동물과 식물의 중간에 선 잡종이기 때문이다. (……) 식물과 동물을 오가는 신비한 혼혈 (……) 왕과 황제는 왔다 간다. 하지만 꽃과 균류와 새는 때가 되면 다시 찾아오니……"**

마지막으로 당신에게, 나에게, 우리 후손들에게 당부하고 싶다. 인간이라는 하나의 종이 균류의 지구를 돌이킬 수 없을 만큼 망가뜨리지 않기를!

책에 나오는 버섯 이름

책에 사용한 인용

1) Akiyama, K., Matsuzaki, K.-i., and Hayashi, H. (2005): Plant sesquiterpenes induce hyphal branching in arbuscular mycorrhizal fungi. Nature 435, 824-827

2) Bouwmeester H.J., Roux Ch., Lopez-Raez J.A., Bécard G. (2007): Rhizosphere communication of plants, parasitic plants and AM fungi. Review. TRENDS in Plant Science 12, 5

3) Grishkan I., Zaady E., Nevo E. (2006): Soil crust microfungi along as southward rainfall gradient in desert ecosystems. Eur. J. Soil Biol. 42: 33-42

4) Bennington-Castro J. (2013): This Fungus Is Growing All Over Your Body. http://io9.gizmodo.com/meet-the-fungigrowing- all-over-your-body-509212796

5) Zahlreiche Lehr- und Fachbücher informieren über die medizinische Mykologie, z.B. Dermoumi H. (2008): Bestimmungsbuch für Pilze in der Medizin. Ein praktischer Leitfaden mit mikroskopischen Bildern. Lehmanns Media, Berlin. Hof H, Dietz A (2014): Glossar der medizinischen Mykologie: die Sprache der Mykologen, teilweise veranschaulicht durch Bilder. Aesopus-Verl., Linkenheim-Hochstetten

6) Lindequist U., Niedermeyer T.H.J, Jülich W.D. (2005): The Pharmacological Potential of Mushrooms. Evid Based Complement Alternat Med. 2(3): 285–299

7) Der Himmel voller Pilze, Max-Planck-Gesellschaft, mpg.de

8) Raghukumar Ch. (2010): A Review on Deep-sea Fungi: Occurrence, Diversity and Adaptations Botanica Marina, 3(6), 479-492

9) http://www.tandfonline.com/doi/pdf/10.1080/21501203.2015.1042536

10) Hagara L. (2014): Ottova encyklopédia húb. Ottovo nakladateľstvo. Die Enzyklopedie enthält unvorstellbare 3.100 Artbeschreibungen

11) Auch viele Informationen in diesem Buch stammen aus einem der besten Werke, die ich jemals über Pilze gelesen habe, geschrieben vom slowakischen Mykologen Pavol Škubla. Leider ist das 1989 erschienene Buch Tajomné huby (Geheimnisvolle Pilze) nur auf Slowakisch erhältlich.

12) http://www.bfr.bund.de/cm/350/aerztliche_mitteilungen_ bei_ vergiftungen_2001.pdf

13) Jiří Baier, seine Ansichten halten andere Mykologen für übertrieben; allem voran die krebserregende Wirkung von Schimmel. Aber auf jeden Fall stimmt: verschimmelte Pilze nie sammeln!

14) Jeandroz S. et al. (2008): Molecular phylogeny and historical biogeography of the genus Tuber, the »true truffles«

15) indexfungorum.org

16) Talou T., Delmas M., Gaset A. (1987): Principal constituents of black truffle (Tuber melanosporum) aroma. Journal of Agricultural and Food Chemistry 35 (5), 774-777

17) Dumaine J.-M. (2010): Trüffeln – die heimischen Exoten: 60 Rezepte und viel Wissenswertes über die mitteleuropäischen Arten. AT Verlag

18) Nach den Autoren Breitenbach und Kränzlin in den »Pilzen der Schweiz«

19) Příhoda A. (1972): Houbařův rok: Houbařské vycházky od jara do zimy

20) Batbayar S. et al. (2012): Immunomodulation of Fungal β-Glucan in Host Defense Signaling by Dectin-1 Biomol Ther. 20(5):433-45

21) Durch Robert Coffan von der Southern Oregon University im

oberen Rogue River im US-Bundesstaat Oregon. Ein schönes Foto der Art zeigt das Internetlexikon Wikipedia.

22) Schaumann K., Hofrichter R. (2003): Fungi (Pilze) und heterotrophe Chromista (pilzähnliche Protisten). In: Hofrichter, R. (Ed.) Das Mittelmeer – Fauna, Flora, Ökologie. Spektrum Akademischer Verlag, Heidelberg/Berlin, Bd. II/1

23) Ivarsson M. et al.: Fungal colonies in open fractures of subseafloor basalt. diva-portal.org

24) z. B. Suryanarayanan T.S., Johnson J.A. (2014): Fungal Endosymbionts of Macroalgae: Need for Enquiries into Diversity and Technological Potential, esciencecentral.org

25) http://science.sciencemag.org/content/early/2016/07/20/ science. aaf8287.full

세상의 모든 균류 - 신비한 버섯의 삶

초판 1쇄 발행 | 2023년 2월 24일
지은이 | 로베르트 호프리히터
옮긴이 | 장혜경
펴낸이 | 권영주
펴낸곳 | 생각의집
디자인 | design mari
출판등록번호 | 제 396-2012-000215호
주소 | 경기도 고양시 일산서구 중앙로 1455
전화 | 070·7524·6122
팩스 | 0505·330·6133
이메일 | jip2013@naver.com
ISBN | 979-11-85653-96-9 (03470)

*책값은 뒤표지에 있습니다.
*잘못된 도서는 구입처에서 교환해드립니다.

1. 갓을 활짝 피운 큰갓버섯. 하지만 조심할 것! 생긴 것은 비슷하지만 훨씬 보기 드문 흰갈대버섯은 독버섯이어서 먹으면 안 된다.

2. 보라색이 강렬한 자주졸각버섯(Laccaria amethystina)은 활엽수림이나 침엽수림에서 자란다. 식용버섯이지만 세슘이 많이 함유되었을 수 있다.

3. 류코아가리쿠스 님파룸(Leucoagaricus nympharum) 독일어로 "처녀의 양산버섯"이라고 부른다. 엘리아스 프라이스가 이름을 지을 때 처녀들이 쓰고 다니는 양산을 닮았다고 해서 그렇게 지었다. 식용버섯은 아니다.

4. 유럽에서 가장 유명한 광대버섯은 지금도 샤먼들 사이에선 환각제로 이용된다.

5. 민자주방망이버섯은 샐러드에 예쁜 색깔을 더한다. 날 것으로 먹으면 안 되지만 익히면 정말로 맛난 식용버섯이 된다.

6. 끈적버섯 속(Cortinarius)은 유럽에서만 500종, 전 세계적으로는 2,000종이 알려져 있다. 그중 많은 종이 치명적인 독을 품고 있다.

7. 못 믿겠지만 어린 장미버섯은 먹을 수 있다. 구상장미버섯(Bondarzewia montana)은 장미버섯 속(Bondarzewia) 중에서 유일하게 유럽에서 자란다.

8. 방망이싸리버섯(Clavariadelphus pistillaris)은 가을에 활엽수림에서 자주 볼 수 있다. 특이한 모양의 갓은 맛이 쓰다.

9. 가마애주름버섯(Mycena filopes)은 죽은 유기물을 먹고 산다. 애주름버섯 속(Mycena)은 유럽에만 100종이 넘게 살고 있어서 구분하기가 쉽지 않다.

10. 먹을 수는 있지만 그리 맛나지는 않다. 독청버섯(혹은 녹청버섯 Stropharia aeruginosa)은 유럽에서 제일 색깔이 예쁜 버섯 중 하나이다.

11. 버섯이 버섯을 잡아먹는다. 적갈색애주름버섯곰팡이(Spinellus fusiger)는 적갈색애주름버섯에 붙어서 기생한다.

12. 그물버섯이라고 해서 다 같은 그물버섯이 아니다. 그물버섯아재비(Boletus reticulatus)는 동유럽의 활엽수림에서 자란다.

13. 뽕나무버섯은 가을에 대량으로 자란다. 아르밀라리아(Armillaria)라는 학명은 자루의 솜털 달린 턱받이가 완장(Armband)같이 생겨 붙은 이름이다.

14. 거친껄껄이그물버섯(Leccinum scabrum)은 껄껄이그물버섯 속(Leccinum)이며 자루의 표면이 거칠다. 정해진 나무하고만 짝을 짓는다.

15. 황토색어리알버섯(Scleroderma citrinum)은 독버섯이다. 먹을 수 있는 먼지버섯과는 다르게 속에 검은 포자 덩어리가 들어 있다.

16. 애기버섯(Collybia)은 여러 개의 속으로 나뉜다. 사진의 버섯들은 밀꽃애기버섯(Collybia confluen)일 수 있다.

17. 잔나비불로초(Ganoderma applanatum) 는 허약해진 식물에 기생하거나 죽은 식물에서 사는 버섯이다. 주로 활엽수에서 자라지만 드물게 침엽수에 자리를 잡기도 한다.

18. 5월에서 9월까지 너도밤나무 숲에서 자라는 미세나 레나티(Mycena renati)는 염소(鹽素, chlorine) 냄새가 나기 때문에 구분하기가 쉽다.

19. 유럽에서 일어나는 대부분의 버섯 중독 사고는 이 녀석 탓이다. 알광대버섯은 세상에서 가장 위험한 버섯이다.

20. 붉은대그물버섯(Boletus erythropus)은 익혀서만 먹어야 한다. 익히면 정말 맛난 식용버섯이 된다.

21. 붉은대그물버섯(Boletus erythropus)은 누르거나 자르면 금방 청변한다. 그물버섯은 날 것으로 먹으면 독성이 있다.

22. 약 750종을 거느린 무당버섯 속의 버섯 하나. 빛을 비추니 갓이 신비롭다.

23. 그물버섯이라고 다 똑같은 그물버섯이 아니다. 맛이 아주 쓰고 독성도 살짝 있는 튼그물버섯 (Boletus calopus)은 활엽수나 침엽수와 공생하는 파트너이다.

24. 독그물버섯(Boletus luridus)은 식용이다. 하지만 문제를 일으킬 수 있다는 증거가 적지 않으니 조심해야 한다.

25. 끈적버섯 속(Cortinarius)은 종이 가장 많은 집단 중 하나이다. 그래서 구분하기가 까다로운데, 독성이 심한 것들도 많다.

26. 싸리아교뿔버섯(Calocera viscosa)은 죽은 침엽수에서 자라며, 이끼가 덮인 가문비나무 그루터기에서 자주 볼 수 있다.

27. 특이하게 생긴 테두리방귀버섯(Geastrum fimbriatum)은 껍질에 빗방울이 떨어지면 포자를 던진다.

28. 인기 많은 갈색그물버섯(Boletus badius)은 침엽수림에서 늦여름과 가을에 만날 수 있다.

29. 정말 맛난 청무당버섯(Russula heterophylla)이 바구니를 가득 채웠다. 하지만 버섯을 잘 모르는 사람이라면 초록 버섯은 아예 손대지 않는 것이 좋다.